青天白日下的秘密

國安情報上校李天鐸非常揭密

李天鐸 著

目錄

戰士忠勇，豪氣在軍旅 chapter2

政客掏空，何以言軍魂 chapter3

庶民百姓，怎堪時局亂 chapter4

推薦序——

針砭精闢　期待台灣能更好

丁渝洲 上將
前國家安全局長、國家安全會議秘書長

天鐸兄在軍中歷經過政戰工作、指揮職、特勤工作、國家安全工作，工作的範圍包括本島與外島、國內與國外，由於他學養優異、經驗豐富，又有強烈的責任心與榮譽感，使他在每一個不同的工作崗位上都有不凡的表現，深受長官器重與同事肯定。

尤其難得的是他主動退伍後，轉入工作性質完全不同的民營公司，從傳統家族式的中小企業，到生物科技公司任總經理，又轉進文創設計業，更跨足音樂產業達十五年之久，在日本avex娛樂公司擔任顧問，目前亦爲日本三井不動產集團的顧問。這些多元而豐富的經歷，足以說明他能文能武，多才多藝以及傑出的領導力與管理才華。

近年來，天鐸更經常在政論節目上針對時事提供建言，本著良知與專業，以理性客觀的態度，表達對各種問題的見解，沒有鄉愿沒有隱瞞，大多數是恨鐵不成鋼的批評；現在他把這些精闢的見解集結成書，這本書有血有淚，字裡行間充滿了對國家、社會的熱情與期待，最是可貴。

天鐸在書中對幾任國家領導人有諸多評論，其目的在於期望未來的領導人要記取前人失敗的教訓，可謂用心良苦。我在國家領導這方面也有些想法，在此把我的思考提供大家參考。

我們總統集大權於一身，擁有人事任用權、決策主導權、資源分配權；總統的一言一行動見觀瞻，所以領袖是政府成敗的關鍵，是團結的核心，是人民的希望。

成功的領導者有三個條件。首先是要有令人信任與尊敬的人格特質，諸如誠信、正直、魄力、意志力等；其次要有能帶給人民幸福的願景，才能打動人心；第三是要有知人善任的能力，用對人是國家最珍貴的資產，用錯人是政府最大的負擔。除此之外，更要有指揮道德，也就是進不求名、退不避罪、勇於承擔、無私奉獻，如此就可塑造一個堅強而有效率的執政團隊，為人民謀取最大福祉，讓國家長治久安。

本書對軍、情這兩個領域著墨頗多，國防與情報是非常專業的工作，也是一項良心的工作，人才培養不易；如果每一次政黨輪替都把情治首長大換血，這不僅是消耗人才，也影響工作的延續性與穩定性，甚至造成內部分裂。

我期盼今後不論任何一個政黨執政，都能恪遵憲法、嚴守分際、尊重制度、信任專業，讓國防與情治眞正保持中立。國軍與情治單位則要堅持原則、效忠國家、支持政府、愛護人民，如此，才能使軍、情成為國家安全的磐石，我們也才能稱得上是一個現代化、民主化的國家。

當前台灣內憂外患不斷，並在全球化之際面臨嚴峻的國際競爭與挑戰，這本書著墨範圍相當廣泛，天鐸期待台灣能夠更好，直接撕破虛僞的掩飾與矯情，以此對當前政局提出鞭策和建言，期待爲政者更能腳踏實地解決問題，正可見得他對於台灣的關切與熱愛。

推薦序——

青天白日的節義

胡忠信　廣播主持人、政治評論者、歷史學家

認識李天鐸兄，是十多年來在電視政治評論的場合。只要發生國家大事，尤其是涉及國家安全、軍事危機、乃至外交國防有關事務，天鐸兄「無役不與」，是製作單位邀約的最愛。天鐸兄析理清楚，言必有中，客觀公正，尤其對軍中基層事務周詳了解，而對「潘朵拉黑盒子」般的國安軍情機構，他又有第一手管道可以掌握訊息，於是「前國安局駐法組長」，也成爲天鐸兄的招牌抬頭。

八月初，天鐸兄攜一厚厚印就的文章來找我，希望我替他這本《青天白日下的秘密》寫一篇序言。我拜讀以後，才知這是天鐸兄在《東網》的專欄文集，內容無所不包，有國家大事機密，有軍中服役經驗，有基層軍官甘苦談，有國安高層人事傾軋，也有早年困頓生活經驗，既像自傳式的文集，又像知識份子的論政，充滿對國家社會的寰宇關懷。閱畢之後，掩卷太息，我立即想到《菜根譚》兩句經典：「青天白日的節義，自暗屋陋室中培

來；旋轉乾坤的經綸，自臨深履薄處繰出。」正是「橫逆困窮是鍛鍊豪傑的一副爐錘，能受其鍛鍊，則身心交益；不受其鍛鍊，則身心交損。」

由天鐸兄的前半生經驗，我們得以一窺竹籬笆內眷村子弟的生活思維，他們在無奈且困頓的生活壓力下，如何進軍校尋找安身立命，他們循「國道二」奮力上進，也在專業上大放異彩，並完成了對國家社會回饋抱負的夙願。天鐸兄除了基層軍中經驗表現傑出以外，他能進入七海擔任內衛，外放法國擔任國安組長，顯示他不斷自我改造：隨著年紀的改變而改變，隨著職務的改變而改變，更重要的是，他也讓別人有所改變。

天鐸兄自軍中退伍以後，如同換了跑道一般，人生第二個旅程才開始。我看他開著跑車進進出出，既有軍人的豁達，又有創業者的幹勁；我從來不知道天鐸兄的本業是什麼，但他永遠笑臉迎人，嘻嘻哈哈縱談天下事，有時又帶著軍官特有的「國罵」口吻，就像我在服預官役時的陸官、政戰同袍。天鐸兄參與許傑輝兄製作的公視節目，與「太陽花學運世代」水乳交融，打成一片，也讓我見識到天鐸兄能屈能伸，跨世代的特異功能。一般人總留下一個刻板錯誤印象：校級退役軍官十之八九成爲大樓公寓管理員，但天鐸兄總是獨樹一幟，跳入海中就能無師自通衝浪，而且成爲獨領風騷的弄潮兒。

有一天天鐸兄邀集若干位朋友赴他外雙溪宅邸餐敘，我才領悟他是一個懂得生活情趣的達人。一棟不起眼的中古依山公寓，天鐸兄經營出自成一天地的美學獨特處境，將東西洋文明薈萃其中，又有現代的創意概念；天鐸兄嫂的合力經營，完全應驗漢字的精髓：屋頂下有一個女人，才叫「安」。天鐸兄出書請我寫序，不敢不從，除了抒發一些感想，也把近年來對天鐸兄的印象做一些粗疏的迴響。希望天鐸兄日日精進，天行健，君子以自強不息，活得精采且有意義。

推薦序——

鐵漢用心　揭密有義

黎建南　政治評論者

天鐸兄民國三十八年生，長我一歲，我們那年代的人，男子當過兵才算男人，派駐外島才稱好漢，而駐守外島之外的島則是鐵漢，鐵漢也看你是哪個時期？兩岸緊張度，決定你有多夠「鐵」。

天鐸兄是民國六十三年入駐高登島，當時外島雖不像「八二三」時期砲火密集，是打單不打雙，但自民國六十年退出聯合國，六十一年春節，尼克森訪問大陸，國際媒體已傳出美將自越南撤軍，越南、高棉前景危殆，台灣也被冠以「危島」，天鐸兄在最前線，中共前三砲必轟的高登島擔任排長、連輔導長，當時情勢極危，物資極缺，他能穩定軍心，以有限物資發揮無限創意，創造最高效益，滿足同袍物質精神的基本要求，好捍衛疆土，與其說他有才，不如說他用心，他是個對國家盡忠，對父母盡孝，對任務盡責，對環境用功，對同袍用心的人，當然表現傑出，書中敘述高登島的部分，讓讀者深深感受到鐵漢的豪情與細心。

天鐸兄對國家職守盡忠，並不對昏庸長官媚忠，所以被記二大過兩小過，再加一小過即開除，此時危機變轉機，他通過考訓進了國安局，成爲情報人員。

我應邀參與過國安局退休人員的聚餐，發現有趣的現象，座位排列看出官職大小，但彼此敬酒就看出這些忠義好漢心中一把尺，佩服的是誰了，有三顆星的將領，從頭到尾坐冷板凳，但有些官階不高者，同仁敬酒，不但熱情還泛出熱淚，你會發現一定有故事，故事內容永遠保密，但故事呈現的光輝，讓你了然於心。

天鐸兄在忠義英雄裡，不是官階最高，功勞最大的，但他是大家都喜歡，信賴的，因爲他永遠忠心，熱心，用心，保有一顆赤子之心。

我國安局朋友不乏四十年以上者，與天鐸兄只認識十幾年，但他是很快就讓人喜歡與接近的，而他對母親的孝順更讓我感動與學習，每當八八高齡漸漸失智的老母，讓我心煩時，立刻想到天鐸兄是如何侍母以孝，而愧疚自省，也深深體會，人生何以需要益友、義友。

情報人員有身分公開及身分保密兩類，但任務都是絕對永遠保密，所以，天鐸兄要出書揭密，我擔心他揭密不夠精彩，讓讀者失望，或揭密過了頭，違反情報人員原則，看完全稿後，才發現自己多慮，他對戰鬥人員、情報人應有的心態、責任，如何急中生智，處變不驚達成任務作了精彩敘述，也把一些只知媚上的外行領導、昏庸蠢將，毀敗了軍情機制，重挫了軍情功能，糟蹋了軍情榮譽與魂魄，枉送了同袍性命，對事不對人，指出問題所在，希望國家元首及國安領導能予重視，天鐸兄揭密乃秉於爲國家安全的大義，讓人支持與佩服。

所謂：「你如果不知道是怎麼活的，你就不知道會怎麼死的」，個人如此，國家也如此，希望未聞戰火的年輕人，能閱讀這本書，了解我們國家是怎麼活過來的。自由、民主固然重要，但必須在國家的保護下才能擁有，任何亡國悲歌是絕對沒有自由、民主這兩個音符的。

推薦序——

忠肝義膽　無私奉獻

劉寶傑　東森電視「關鍵時刻」主持人

天鐸是一個充滿故事的人，擔任過最前線的馬祖高登獨立排排長，共軍攻台的最近目標。擔任過七海官邸，經國先生的隨扈，熟知官邸秘辛。還曾遠赴法國，投身國際情報工作，台灣能夠順利購買幻象機都可以看到天鐸穿梭的身影。

如此豐富的經歷隨便抖一點包袱，都是引人入勝的故事，所以每次聽天鐸說故事都聽得興味盎然，我最喜歡他談官邸的秘辛，特別是專屬隨扈訓練的八極拳，每天要在板凳上練功，雙手反覆拍打，有次他順手拍了我一拳，疼痛難當，看來那些功夫並非浪得虛名。從他的口述中也可以了解，作爲元首隨扈不能有任何閃失，任何的事故幾乎都只有數秒時間可以反應，如有一次有人誤闖七海，他在完全不用思考的狀況下，撒雞爪釘，關柵欄抓人，不到三十秒完成，因爲各種可能狀況早在腦中不知反覆設想多少次，眞正發生事情不容有寸毫閃失。

在天鐸的經歷中最神秘當然就是在法國擔任國安局駐法組組長，還幫台灣爭取幻象機的購買工作，其中事涉多項機密，他多半輕輕帶過，但可以看出當年的情報人員在外工作的艱辛，一人在外要打進無邦交國的情報圈子，要用盡各種方法，特別是要積極熱誠才能爲對方所接受，一個最簡單的驗收，當時國安局局長宋心濂到了法國看到了要看的人，談妥要談的事，沒有天鐸在法國長期佈線不可能順利完成。

看了天鐸的書，可以感受他的憤怒與感慨，他對情報工作充滿使命但也充滿沮喪，情報工作應該是無私專業的，隨便可能奉獻自己生命，但台灣的情報工作在天鐸描述中卻是充斥外行領導內行，甚至完全不在乎情報人員的生死，不在乎情報工作能否達成，只在乎在長官面前能否交差，碰到這樣的狀況只能擲地三嘆，眼睜睜看著同志陷於危境。

曾有一位同事形容天鐸是看似粗獷的男子有個最細膩的心，有著如獵鷹般敏銳的眼睛，脫兔般矯捷的身手，還有一顆赤忱的忠肝義膽。

推薦序——

死於黃埔　贏回軍魂！

孫大川
監察院副院長

我對軍人一直存在著兩種重疊的形象：一是獵人，一是老芋仔。

從小在部落長大，我們那個年代，傳統年齡階級組織、會所制度（palakuwan）大致還運作良好。每年歲末猴祭、大獵祭啓動的時候，總是可以一次又一次地經驗到製作長槍、配帶長刀、搭建會所、上山狩獵、佈置陷阱、抗睡耐寒、試膽磨練、服從紀律、吟唱古調等等的儀式操練。對卑南族而言，一個男人十三歲起若沒有通過四到五年少年會所（trakubakuban）的訓練和二到三年苦行期（miyabutan）的考驗，是無法進行成年禮的。一般說來，完整接受會所洗禮的部落青年，幾乎什麼都會。植物、動物的習性，風向、溼度和空間感，造屋、設陷、圍獵，以及體能、耐力和敏感度；身心都達到某種巔峰狀態。我對那些未受到國民義務教育干擾的兄長們，從小就非常崇拜，也常自慚形穢，覺得自己像隻飼料雞，沒有扎實的生活能力。他們後來入伍當兵，雖沒成爲將校，但大都進了特種部隊，回來之後還會拼湊製造土製武器，神奇極了。不過，部落裡好的獵人大都謙虛自持、沉默寡言、體態自制而敏捷；幾次追隨他們上山狩獵，只有在發現獵物蹤跡的瞬間，我才可以從他們眼神中捕捉到那種清冷的殺氣。這時他們不再只是獵人，而是保衛部落的戰士，體現會所制度的終極目標。

另一個平行的經驗是，我成長的年代也正是國民黨政府內戰失敗、撤守台灣的頭十年。軍隊在部落附近駐紮，後來又有太平榮家、馬蘭榮家的設立；我們開始有南腔北調跛腳、斷手、眼瞎、駝背的老芋仔朋友，他們都有滄桑的離亂經驗，喝酒唱歌，常常淚流滿面。還不僅如此，我的表姊和幾位姊姊也都嫁給了老芋仔；九十四歲的大姊夫，江西人，手臂上還刺著反共抗俄四個字。他們其實大都少年隨軍，家裡原本是地主、農民，有的還是書香門第，和我這個半飼料雞差不了多少，只因爲家國動盪，他們都成了軍人。在他們的眼神中，很少看到部落獵人那種清冷的殺氣。大學畢業以後，我當了一年十個月的預官，在陸軍重裝師服役，也見識了一些大小官，兇悍的不少，但聒噪外露，骨子是軟的。軍官的訓練也是學長學弟，但和我們年齡階級組織的養成，似乎少了某種內在性，外在形式的框框條條倒是不少。即便如此，我仍然尊敬這些老芋仔，他們用生命陪伴動亂的家國，不管是自願或被迫，他們都背負了自己和其時代不可逆的命運。

一九八四年秋，我到比利時魯汶大學（Leuven）念書，在台灣同學會的某次活動裡初識天鐸兄。他軍人的形貌不需人介紹，我一眼就看出來了。說話丹田用力、脖子肩膀的肌肉、握手的腕力和硬實的手刀，我相信他絕對可以瞬間徒手殺人。更讓我注意到的是他的眼神，是獵人的眼神！

後來我們成了好朋友，喝酒、聊天、辦活動，聽他講在馬祖高登島當排長、當工兵營輔導長和以政戰官科擔任連長的豐功偉績；也提到他的父親、長輩和長官之種種，感到他眞以作爲軍人爲榮，而周邊老芋仔的凋零與滄桑，似乎也讓他有一種焦慮和無奈。天鐸身上，結合了我對軍人形象的重疊理解。一九八八年結束課業返台，我們就斷了音訊。直到二〇〇六年左右，我們在大直的黑白切偶遇，前塵往事一一浮現。知道他後來由國安單位外派巴黎，也在上校任內退伍。最令我難以置信的是，在比利時期間我應他的要求寫的〈將進酒〉橫幅，他竟輾轉保留，如今還掛在他中央社區豪宅正廳牆上。珍惜如此，友情可感。隨後他成了電視名嘴，我因救災接任原民會主委，我們有一些共同朋友，見面的機會也多了，更能瞭解他對軍中文化的關心和憂慮。有時他發表時事評論，會傳簡訊，賞我先睹爲快的樂趣。

天鐸兩代軍人家庭，又長期在七海和國安單位服務，常能看到或知道我們一般人無從聞知的事。他的觀察跳過層層官僚障礙，對一些「大官」能做直接且人性化的掌握。有時雖不留情面，但能提供一個不被美化的角度，對事件隱微的內部，勾勒輪廓，頗能滿足讀者探知的慾望。本書集結的文字，牽涉的範圍頗爲廣泛，從情報到外交兩岸，從黃埔軍魂到目前軍中文化的變遷。天鐸對老兵、小兵充滿俠骨柔情，對將官、司令評騭卻極爲嚴苛。評點的人物從蔣經國、李登輝、陳水扁到馬英九總統，政治人物從林洋港到柯P，軍方將領從郝柏村到李翔宙；……總結一句：官大災難大、將軍鬥不過政客；虛僞作假、一代不如一代。這是對中華民國軍魂最沉痛的哀吟！在一篇討論軍人武德、氣節的文章裡，天鐸這樣自我剖白：「寫出這些過往時，不是要挖糞，不是緬懷過去，沉迷往事；……我惦念著那麼多優秀認眞於崗位、努力付出的軍中弟兄，他們仍然孜孜不懈地在想著怎樣做好份內工作，讓這個國家能更好！」果眞如此，則天鐸無情的撻伐、揭露，正是對重整軍魂、支持改革、鼓舞來者的堅定表態。

我常說：「軍人是一個國家最理性的非理性力量」，情報和國安工作更是如此；它們是國家、人民的最後一道防線。回顧辛亥革命以來，中華民國「國軍」的建構，從革命先烈到黃埔軍校，經過北伐、抗日、剿匪，到播遷台灣；我們一直處在動亂、分裂和黨國不分的狀態。強人退隱之後，國內外和兩岸的政治情勢，嚴酷考驗我們軍人武德、紀律和信仰的方方面面。坦白說，我們的確努力在改變，但沒到骨子裡面去。天鐸兄感傷黃埔精神的消逝，然而我卻覺得這正是當今軍魂難立的總根源。台灣一九九〇年代以後，即已踏上「民主化」的另一個新階段，「民主憲政」才是我們軍魂最核心的信仰，這也是孫中山革命的終極目標。以此爲基礎，我們國軍的當務之急，是制度的改造、專業的提升和科技的掌握。維護國家安全與人民的福祉乃是軍人的天職，唯有深知天有好生之德，才能正確行使秋殺之氣。容我違逆天鐸兄的意旨說一句話，或許唯有死於黃埔，我們才能贏回軍魂！

自序——

逆轉人生

大多數朋友，看到的是現在有點「風光」的我。

看不到的是我的初中，省立板橋中學，「初一」留級二次，從九字頭讀到一字頭，我的同班同學已經要初中畢業了，我還在讀初一！一個初中，我讀了五年，被母親大聲罵：「不好好念書的留級生」！

那是我最黑暗的「青少年階段」，在沒有秘密的眷村環境中，從考取時候放鞭炮慶祝，到一而再三的留級生，吵架的時候，連弟弟也這麼羞辱我，那段無助的日子，痛苦到想自殺！

那是我人生跌落谷底的成長期，很漫長，超自卑，極無助，苦澀銘心到吞不下去的陰影。

月亮，永遠是圓的！

高中畢業，在父親的勸說下，考取政治作戰學校十九期，外文系法文組。這是蔣經國先生要求成立的，第一期設英、法、俄三個組，二十期開始增加西班牙、德文組，採取小班制教學，除了英文組二十名學生外，其他組學生都只招十五名。

大學部一年級，你如何能夠想像？才度過大一上學期半年快樂的日子，大一下，來了個負責我們法文教授的胡品清老師，是噩運的開始，第一次期中考，成績出來：全班十三人，一個最高成績爲二十分，其他十二名學生全部零分！

儘管她沒來之前，我們早已打聽得知，她在文化大學，教大四學生的法文戲劇選讀，全班五十四人，她給過五十三人「不及格」的輝煌紀錄。但是，當年我們的成績出爐後全校震驚！

因爲「政治系」的成績，閉上眼睛考試，也是八十分起跳，「外文系」法文組，居然考出全班十三個學生，十二人零分的紀錄?!隊職官問得好，好歹你們也學了半年多的「法文」，怎麼連一個法國字都不會寫？這零分到底怎麼考的?!

殊不知，這個私下被我們咒罵成「死老太婆」，掌控我們法文成績生死大權的教授，她的考試題目是這樣出的「三大題，三個小題，九個造句」，只要一個錯誤，一筆劃過，就是零分！

她最經典的作品，是叫我們用法文動詞中的關鍵字：etre（中文譯文：是）造句，我們同學造了一句：「月亮是圓的」，被她一筆打個 大「X」！她說：「月有陰晴圓缺，難道你們不知道嗎？」罵到我們全班十三個人低著頭。

她才下課，離開教室，同學氣到踢翻課桌椅罵道：「死老太婆！月亮，永遠是圓的！」

一個人走出陰霾！

四年軍校生活，法文成績成爲我抬不起頭的又一道「陰影」！

儘管我是籃球校隊，政治大考第一名，演講冠軍…都掩蓋不了那個成績「不及格」的事實，班上有八個人，四年當中每年補考，直到畢業典禮的前一天，蔣經國先生來給我們頒授中尉軍階的前一天。

下部隊初期，雖然辛苦，也是創造了輝煌，卻在第三年，碰見那只會用「記過」手段，懲罰軍官的張義師長，不到半年內，我累積被記到二大過，二小過，只差一小過，就到將被迫離開軍隊，可以不當軍人的地步！

第一次被記過時，也有著青天霹靂、如喪考妣、羞得不敢見人的沮喪！最終也是獨自一個人，走出陰霾！

接下來是婚姻失敗的陰影，足足糾纏我三十年！在我一生中心理上失敗、挫折的「總經驗」，若非自己說出來，誰會瞭解呢？如今，朋友說我風光的時候，我往往低著頭，把它歸諸於生命中、無法言喻的磨練，只有走過、經歷過，才會知所珍惜！

在我生命中的另外一個「轉捩點」，是家搬到「外雙溪」，在這裡和湘如從租房到買屋，我一直感恩於兩個人，一個是我政戰學校十七期的王湘漢學長，我們結識在經國先生，七海寓所時期，是他介紹我到外雙溪山上過日子的。

另外一位是：藝術家楊柏林，沒有他們兩位好友，我們不會擁有今天的一片天地，在這靈氣薈萃的風水寶地，我們經營天地間的一個家，分享給我們不同領域的朋友們，和自己累積豐富的生命濃度。在美好中學習對周遭：事事物物、人生、緣分、命運，定數中的安排和感恩，包括我年邁的母親、家人、同學和朋友們。

當一個有頭腦的軍人！

感謝時報出版公司趙政岷董事長，派出精銳，協助編輯出版發行事務，最初源頭是「東方報業集團」的創辦人：馬先生，他囑人要我撰寫相關評論，在給我足夠的空間、機會和壓力下，磨榨出每周一篇文章，這本書集結了我過去服役二十一年，加上軍校四年養成教育，總計二十五年軍中生涯的累積經驗和跨進社會二十年後，觀察、省思、沉澱後的作品。「當一個有頭腦的軍人」，一直是我對自己和所有軍人的期望，否則白走那一遭，是辜負了生命。

寫下這一九四九年初出生，以「軍人生命」見證「中華民族」命運中的滄海一粟，謹以這本書獻給天上的馬先生。

兩岸三地，所有散落在世界各地的中國人啊，永遠改不了膚色，變不了命運的中國人，多少戰爭、艱苦的日子，我們都走過來了，挫折、打擊、困難，都會增加我們面對自己生命、命運、生存中的韌性和堅毅，朋友啊！讓我們一起用生命擁抱這美好的世界，展望幸福吧！

chapter 1 英雄無名
生死為情報

兩軍交戰，一則小小訊息的掌握，或可挽狂瀾於既倒，反敗為勝，甚且拯救無數國人的性命。

這就是情報。

情報工作是保國衛民的必要手段。

情報工作有著最嚴格的規範、戒律，這是由一群人以生命、生死共同相許、維護的組織。

「唯聖賢者能用間，唯智者能使間」，如果沒有智慧、遠見、膽識、擔當的主事者，不知會犧牲多少情報員？

在李天鐸（中）安排下，法國國土監視局局長傅聶特（左）第一次訪華，與國安局長宋心濂（右）見面交換禮物， 李天鐸擔任口譯及全程陪同。

軍人這條路

在進軍校的第一天，我告訴自己：要當一個最好的軍人！

我從小喜歡大自然、土地、植物，想要學農，卻拗不過當老師的母親，一路被逼著讀書、讀書、讀書、讀書，一大早她在廚房做菜，也要我們大聲讀書，好讓她知道，我們在「唸」書，但是她卻不知道，在「唸」書的同時，我的眼睛在看花，心裡想的是待會吃什麼？

那個年代，除了念書我們還有什麼選擇？最後被逼進了軍校，好在進的還是當年才成立的「外文系」，而且在進軍校的第一天，我告訴自己：要當一個最好的軍人！

總司令的555香菸

畢業時抽籤分發，我慶幸抽到陸軍，一心想去學長們所稱最苦的單位「磨練」。很快地，我們所屬的「軍魂」部隊，五十七師移防馬祖，我被派到最前線的高登島，中尉排長據點指揮官。

七個月的時間，在那二．七平方公里面積的小島上，沒有百姓，沒有電，每天刷牙洗臉用兩杯半的水，用過的水還要回收在儲水坑，下午用來澆菜。每天全心全意「備戰」預防共匪來襲，單號晚上，天才將黑，平潭匪砲休聲劃破長空，三發檢驗射擊，第一個目標一定是「高登島」。

當排長的時候，第一次陸軍總司令到戰地視察，師裡安排最優秀的營長、營輔導長、連、排長、士官兵代表陪同總司令用餐，以便垂詢戰地情況，鼓舞士氣。我從高登被召回北竿陪同吃飯，飯才吃完，總司令從菸盒中掏出一支555香菸，隨從即刻趨前點火，總司令噴出第一口煙時，得意的笑說：「我的部下眞好！知道我喜歡吃蔥油餅，到哪裡，我都會有蔥油餅吃！」

這是當時我印象最深刻的陸軍總司令，因爲當年蔣經國先生擔任行政院長，厲行十大革新、愛用國貨、梅花餐，然而軍方、大官就例外嗎？

三上將為何怕經國先生

若干年後，我被甄選到國防部警衛隊（前身是總統府警衛隊），也就是象徵軍人最高榮譽，核心帶著神秘色彩的「官邸」單位，去沒多久就被派到經國先生的「七海寓所」擔任內衛區隊長，和其他區隊不同的是：我的任務最重、哨最多，衛士從全隊挑選最優秀的，還有全隊新進軍官第一年全在我手下訓練、考核，從站哨開始，不論官階做任務銜接工作訓練。

在七海寓所度過的第二個農曆新年，大年初一早上依慣例，我們在寓所大門外放長桌，供賓客簽名拜年，圍牆內是侍衛區，寓所大門不開，僅留側門出入。

當時三名上將相偕來到，爲了「誰先領頭？一齊向經國先生拜年」而爭論超過二〇分鐘，也不管我這穿著軍服，站在旁邊才是少校的小軍官，怎麼看？怎麼想的？

最後他們終於搞定，參謀總長帶頭，總政戰部主任排次，國家安全局長殿後，進入寓所。

當年這三個「喊水會結凍」、「權力最大」、「經國先生最親信」的三位大上將，大年初一，在眼前演出一齣戲：這麼大的官！怎麼會這麼怕這麼一位一心一意爲國家、愛民又親民的總統？爲什麼？

再過若干年，我從比利時留學回來，已經屆滿中校停年，才發現爲了要升上校，該受的學歷空白，趕快要補第一個訓就是「正規班」，那時候我已經在國家安全局國際部門工作，以當時國安局的高度，可以選擇有正規班訓練的單位參訓，我說所有情治單位中，調查局、警總、憲兵、警察，我都熟悉，只有一個和我們業務有關的情報局最不熟，就選擇「國防部軍事情報局」正規班完成四個月的訓練工作。

全校做假讓局長高興

在陽明山上的山竹山莊，進入軍情校的第一天，全校師生十分緊張忙碌！忙什麼？忙著用尺量軍便服夾克左胸前扣子的中心高度，因爲周會頒獎時，軍、士官夾克上識別證掛的高度不一致，局長大怒！又在生氣罵人了！

接下來數周，校區裡柏油路鋪新，所有教室重新粉刷，爲什麼？因爲「局長要來視察」，全校幹部惴惴不安，風聲鶴唳，到處在打聽：局長哪天會來？局長哪天會來？局長終於決定要來的那天，校方做了一件誰也想不到的事情，「把當天全校的授課表全部更新」！爲什麼？

要換授課教官！要換上局長帶來的人當教官！爲什麼？因爲局長視察，只要不是他的人，局長都會罵人，爲了讓局長高興，全校做假。

爲什麼？這裡不是訓練最忠貞情報幹部的基地？那麼多懷抱理想熱血來報效國家的年輕人，被這樣一位中將長官來訓練當領導者，一開始學這樣的第一課？

如此教出來的幹部，將來還能用嗎？爲什麼？因爲江南案發生，經國先生要整頓情報單位，聽從某某將領之言，從陸軍調派兩位以治軍「驃悍、兇悍、嚴格」的將領出任國安局和軍情局長，這二位，我都領教過了。

情報怎麼能做？怎麼做？

四個人在拷逼刑訊供後，唯一死刑，槍斃！

話說那位以罵人兇猛出名的情報局長，如何以「三不」手段來整治單位？

一、不顧情面，公開場合以豬、狗比喻責罵幹部。

二、不顧傳統，誓言打破傳統。

三、不信任原來幹部，因爲經國先生要他來整頓。

他完全按照陸軍要求：連西裝都是一色深藍，做得比軍服還土，只差沒有唱軍歌，答數！

要命的派遣

這位大將軍新官上任三把火，第一把斧頭劈向情報局最引以爲傲、派遣在大陸所謂的「敵後工作同志」。這些冒著生命危險，想盡手段、方法進入當時所謂的「鐵幕」，潛伏在敵後的工作同志，這是情報局所有單位中最核心，集全局心力、智慧、努力，去共同做出來的成就。

而每年如何對這些敵後單位「運補」以維繫發展他們的工作，運補成爲次重要的大事和工作，因爲運補的內容包括：金錢（當年在情報局工作者，會被分配不同數量的人民幣，要求你在一定時間把它弄舊後如數繳回）、密碼、特殊密寫、通訊器材，當時的密碼是一次一密，用畢即刻銷毀。

爲此情報局有一個專門的「特交中心」，他們窮盡各種方法找出並培養敵後、區內關係，因爲以當年中國大陸所謂鐵幕，其管理控制之嚴厲，絕非現時能夠想像！最重要原因是：被俘、被破結果只有一條路，受盡酷刑，凌虐、拷問、逼供，最終仍難逃一死，所以在我們的訓練中有假設被捕後，反審訊和如何面對酷刑的課程。

因此針對派遣人員的選拔，一次一密、一次一點，人員不能重複，滴水不漏思考的至上原則是「安全考量」，所以一份「派遣計畫」，比軍中的作戰計畫還要細膩，因爲是個人行動，有著太多不知道而且危險的變數！

而我們這位大局長劈下第一斧時，是這麼兇的：

「爲什麼一次補一個點？
爲什麼一次不補三個點？
爲什麼一個人一年只能出一次任務？
爲什麼熟悉了不多派幾次？
浪費！浪費國家的錢！
你們少拿危險來騙我！」

而最重要的問題，致命關鍵是：他不相信！
他絕不容許自己被不認識的部下欺騙或蒙騙！
他把他的疑問變成命令，當年度，第一次派遣入區任務，破例運補敵後二個據點，而且成功了！

死亡殺機

他當著全局的月會，痛斥幹部保守，不長進！炫耀自己英明說：「我們當軍人的，除了不會生小孩，沒有什麼是不可能的！」

那個年代，他們相信軍人是萬能的，尤其是大陸軍，卻不知道種下的是死亡殺機！

同年下半年的運補，他要求一次補給三個據點，而且按照他「熟悉」的想法是：上半年入區的同志，再度派遣！

無論下級再怎麼建議，勸說，都拗不過，官大學問大，加上官威的土霸作風！

在當年大陸那麼嚴格控制生活、物資、人員流動，處處抓國特，寧可錯殺一百不放過一人的肅殺年代。

一個人，頂著海外關係以返鄉探親名義，帶著大量現金，奇怪的本子（密碼本），不管你再怎麼會編、會藏，那保命的「掩護故事」也很難合理化到不露破綻，更何況一年中的第二次，還要跑不同省分，去探親？

就在最後第三個運補會晤的現場，對方押來第一、第二個潛伏同志，現場對質，像拎粽子串一樣的收網，四個人在拷逼刑訊供後，唯一死刑，槍斃！

我常常呼籲：解密情報局檔案！

檢視過去局長任內，失事、被俘獲、死亡最多的局長，任內死去多少同志，你也槍斃多少次！

絕對不會錯、不冤枉！

這位大局長的另外一份「豐功偉業」，是效法推薦他的大長官在陸軍總司令時代做法：制定情報工作幹部五大信念（表示、證明他有學問，不是老粗）！並以背誦、默寫、測驗方式要求全局貫徹！

八年換九任局長

最難爲的是情報局當年還有一批派遣、潛伏在滇緬邊界，從泰國持假證件潛入已長達十年以上的工作幹部，以「光武部隊」爲識別的游擊武力，甄派當時以地緣、背景、游擊作戰、生存能力爲考量，多半人只會打槍，卻不識幾個大字，要求他們回來，背誦、默寫，這比要了命還難！問題是從駐地返台，晝伏夜出花一個半月，來回三個月，還有風險！不論幹部再怎麼說，他依然堅持，眞正原因是：他不相信！他要打破傳統！

最後這位陸軍中將在就任職不到二年時間，因爲「貪汙」被拔官治罪，但是卻埋下後來軍令系統和情治系統長期分裂、紛爭的遠因（爲了經國先生交代徹底調查情報局長的貪汙事證）。

有了這樣的局長，情報怎麼能做？怎麼做？

有這樣的陸軍中將，我眞不知道我們眞正的敵人是誰？

後來阿扁當總統以後更慘！八年換九任局長，只有一任是空軍、海軍，其他全部是陸軍出身，包括憲兵！

這是「情報悲歌」的由來！

我說了沒人敢說的事！是沉痛的。

踏上情報之路

上尉軍官的我，課堂上聽得入迷，決定走上情報這條路。

父親是職業軍人，正黃埔軍校。

我對父親最深刻的印象是他在新北投情報學校擔任教官的時候，每個周末父親可以帶全家到他們學校泡「純正溫泉浴」。

至於他做什麼事？我們眞的「一點」都不知道，包括我媽媽。

新聞洩密？

眞正讓我對「情報」產生興趣，是在國防語文訓練中心（前身爲軍官外語學校）學法文的時候。當時教授「情報導論」的教師是前外語學校校長陳鴻寶將軍，他的專長是日文，在講述時，他爲我們說了一段「第二次世界大戰促使日本決定投降的眞正原因」。

二戰結束，陳校長是先遣小組，第一批被派往日本，會同美軍去接收、檢視日本戰時官方紀錄資料的情報官員。

他們的任務工作是什麼呢？譬如，淞滬戰役，我軍紀錄擊斃日軍三萬人，俘虜六千人，虜獲機槍三千挺，以及我方傷亡人數。據此找出日軍對淞滬戰役紀錄、資料，比對後找出差距原因。

當時美軍先遣情報小組也忙著在找驗證資料。陳校長問他們找什麼？美方人員告訴他這段秘密：在美國對日本廣島、長崎投擲原子彈之前三個多月，有天，他們在日本報紙上發現一則毫不起眼的新聞！

「日本天皇 當天 在皇宮頒贈勳章給三名大學教授」。

當時，大家在討論：

Why？爲什麼頒勳？

When？這是什麼時候了？

Who？這三個是什麼人？

What？他們在做什麼？

情報觀點？

當時在調出「人物誌」找尋答案時，居然發現這三名教授都是物理學家，這時候大家都震驚了！

What？他們在做什麼？

Where？在哪裡？

開會決議：

從東京為中心，選出十個可能、可疑做，發展「原子研究」的地點，派出轟炸機做地毯式、傾倒式轟炸。

美軍先遣情報小組將查證此事列為重要任務。

結果循紀錄資料找到當事教授。

查證結果：

當時，他們因為研發出製造原子彈的「重水」，而接受天皇頒動，後來因為一次空襲，摧毀了所有的設備，而放棄最後一搏的希望。否則「歷史」還眞不知道會怎麼寫呢！

這就是一塊毫不起眼的小新聞，從情報的觀點去想、去分析、研判。結果呢？改變了世界的命運，同時也拯救了多少美國人的生命！

年輕、才是上尉軍官的我，課堂上聽得入迷，也決定走上情報這條路。

我之所以寫這篇文章，是想告訴讀者們：

歷史不容忘記！要小心！

看看鄰近的日本，又在做什麼了?!

現代〇〇七，真的？假的？

現代版的《聽風》人！

曾經到公共電視台，錄製一個BBC英國國家廣播公司由MI五、MI六兩個單位人員現身說法、製作的節目「現代Spy」，公視以此為背景，在每周一次由蔡詩萍主持的訪談節目中，邀約我以當年在法國巴黎多年的情報工作經驗，發表看法。

以生命維護的組織

〇〇七的電影！詹姆士．龐德，帥氣、刺激、香艷、千鈞一髮加上驚險的特技、科技情節，讓人們對「情報人員」的工作總是以羨慕、幻想、不可思議，崇拜心情來看待所謂的「間諜」、「Spy」和情報工作。

說穿了，爲什麼情報工作會那麼引人入迷？成爲話題呢？就在於：情報工作有著最嚴格的工作規範、戒律，這些規範戒律是由一群人以生命、生死共同相許、維護的「組織」。

他的特性是：秘密、保密、隱密，能做、只能做，不能說、帶進棺材，死都不能說的「隱瞞」特性。

事實上，這樣的背景，不論是大環境，國際戰略關係？小環境，國對國之間利害競逐？區域平台整合，地緣、資源、能源爭奪，儘管電子科技的進步，有著一日千里的變化，在人員情報和科技情報之間的平衡點，如何相輔相成？在在都從過去的經驗，考驗現代情報工作者「未來的智慧」！

在我們的年代，出國、工作、高薪（美金）是件多麼誘人的事?!

接到派令：八四二工作站，出發的夜晚，領到完全的假證件、工作規範、武器、輪船出港、小艇接駁，一個星期以上，全夜間行動，到達目的地之前，直升機載運進入一個絕密的地點，二十四小時，吃喝拉撒在一起的基地，每隔月，直升機接到曼谷，放風。

蒐集到機密以上等級譯成數字碼

二年任務結束，回來後，才知道你待過的地方是個只有座標，沒有地名，尼泊爾、印度境內。而他們的任務就是電影《聽風》情節中的「科技、監聽、偵蒐、截譯、破密」。

「老田」是我在經國先生寓所工作時認識的，每天下午，準時開吉普車進來，帶著上鎖連身的〇〇七手提箱，進出，一支菸時間。等我到國安局工作時，又遇見他，直到他退休時才知道他的職銜：一等士官長，專差交通。從進單位到退休只做一件事：專差交通。

再補上一段浪漫深刻的巴黎經歷。在我赴法國就任前，受訓學習的通聯工具還是「TELEX加上保密機」，也就是我蒐集到機密以上等級，有時效性情報內容時，我必須以文字撰寫內容，逐字對照明碼本，譯成數字碼，例如：

明天　　我　　去　　台北市

八七二一　〇四五三　二一三二　五五六七

然後逐字敲進Telex再經過專用密碼機完成加密手續，按照程序通知台北接收、解碼、譯文、成件。

繼續完成急送總統桌上

通常我處理重要文件的時區，是在傍晚，配合台北和巴黎八小時時差，也就是巴黎下午四點，台北是晚上十二點，重要、有時效性的情報，一天之內可以處理。

那天，一件極機密，重要情報，六八七組，在撰編完畢時，已經接近晚上十點多，在做完所有程序的最後一道，我按錯鍵，機器按照錯誤指令開始跑帶，答答答答的聲音，像刀割在心上般令我懊悔！

我頹坐、癱軟在椅子上，心中交集的是：重做？算了！明天再做？繼續？起身，到窗口，點根菸，整棟大樓只剩下我這間，燈還亮著，深夜，將近十一點，窗外，下著雪。

繼續做完它，送回局裡，按特急件處理，下午就會到總統桌上了，否則，耽誤一天，怎麼行呢?!人神交戰在一根菸後，我回到桌前，重新逐字逐碼，以聽見心跳的心情，走進時空，完成任務，這是責任！

子夜鐘聲響起時，我結束工作，拎著包包，整條長街只剩下一個人加上影子，那天是聖誕節，X'mas 巴黎的一個街頭，飄著細雪，我以愉悅快樂的心情，舒出一口長長的氣！

一張明信片，換來十五年黑名單！

只要你被列入管制名單，每次出入境，都比一般人花費更多的申請時間。

你聽過漂流在大海裡「瓶中信」的故事嗎？
一個夢、一份託囑、一個不屬於何方的寄託！收藏在瓶中、漂浮在波浪潮汐中的心事。
你聽過一封戰地情書「Dear John」？
一份愛情的盟約！因為戰爭、分離，毀了！傳頌在音樂中！

反戰圖案與台獨劃上等號

八〇年代後期，從比利時返國那年，鬧得最兇的是「黑名單」，也就是海外的台獨人士、異議分子、流亡者，只要你反對政府、反蔣，不論你在學術界、影藝圈，只要你被列入管制名單，每次出、入境，返國、回家，都必須經過比一般人士申請更長的時間，由列管單位審查同意批准後，才能返鄉、回國，為什麼？理由呢？

很多人可能一輩子都不會知道！

在國際部門工作期間，有天接到利比亞報回的文件，詢稱：華僑張○明，考核期間熱心僑務，表現優異，可否解除「二級入出境管制」？

當我從檔案室把張○明的案卷調出來，整個閱讀完畢後，掩卷長嘆，心中百感交集，嘆什麼?!嘆什麼呢?!

一、張○明為什麼被列管？七○年代，他留學德國，從當地寄出一張明信片回台灣，Post card的圖案是圓圈，中間一直線，兩個半圓的左下、右下，各有一撇，這個圖案在國外，特別是歐洲，人人都知道那是六○年代的「反戰標誌」！而我們的警備總部把這個標誌和「台獨」劃上等號，在警總特檢處查到這張明信片後，二話不說，張○明進黑名單，列管。

二、張○明從德國留學畢業後，進入知名石油公司工作，從德國、美國，後來派在利比亞工作，只是他一直訥悶，為何每次申請回台簽證的工作天數永遠比別人多很多？

三、他在利比亞工作期間認識我代表處工作人員，把他的情況報回安全局，而我之前承辦人，也不曾調查前卷，兩次簡單行事，要求利組工作人員對張○明做思想行為考核。

四、在我把來龍去脈弄清楚後，遇到另外一個問題：被「列管者」之解除管制，需要原來單位提出申請，而當時警總已在裁撤邊緣。何況他們對張○明被列管後的行蹤並不清楚，誰願意承擔這個責任？如果我把這個案子簽交還給警總辦理，必無下文。

五、我把以上原因、經過，綜合整理後，由國安局（本局）以上級單位身分來承擔「撤銷管制」的責任，發文通知外交部、警總、外館等單位，「註銷」張○明的黑名單。

海外工作不是打小報告

這是我的親身案例，在過去這麼長時間裡，我們經歷戒嚴、解嚴、威權、民主，我很慶幸當時有個好長官汪敬煦先生，他會問我們的意見，聽下級直接的想法，並且承擔責任！他明確地告訴我們：海外工作絕對不是打小報告，除非這個人叛國，否則不准干涉其他部會工作。

過去或是長官做的決定，不是不能碰，沒有官大英明的事情，當時把「黑名單」公開拿出來檢討，就是他的要求和擔當才有進一步的開放。

我並非在回顧，而是歷史並不遠，這樣的案例在台灣、港澳、中國仍然持續發生！如果我們不能面對問題，解決他，就會被問題解決。

情報單位的浩劫

阿扁任內，以官位酬庸、私相授受，完全背棄「情治單位國家化」的理想。

馬英九上任六年，對於軍方和情治單位的不聞、不問、不碰，美其名爲不干涉，甚至是帶點「不屑」的心態，而且任由親信勾心鬥角恣意作爲，一意孤行造成今日的局面，都不需贅述。近期發生最離譜、令人匪夷所思的是，任由情治機關中的三級單位──廉政署，以「監聽資料外洩」炮轟九大情治首長嫖妓案?!其領導之無方、其傷之重、手段之無知令全世界情治單位引爲笑話！台灣是怎麼了？

國安會變身太上總統？

金溥聰返台一個月，史無前例地對三大情治單位一刀斬立決，也不管你總統母親當天出殯？而且是由「國家安全會議」以新聞稿的方式發佈地震命令，什麼時候？從一個總統幕後的幕僚單位變身爲「權責發佈」單位？而且凌駕總統之上了？因爲他連「總統令」都不用說，在總統母親出殯當天，把在場的國安局長拔下！

事實上，情治單位自李登輝以來，爲便於掌控，經由一次次首長更換，以及「一切聽老闆指示」的愚忠領導，已經長期在馴化中，特別是陳水扁任內，不顧國家整體前途，只取單位有用於己的私心功能，以官位做爲酬庸、私相授受的工具，完全忘記在野時念茲在茲的「情治單位國家化」理想？

姑且不論金溥聰掌權後要怎麼做？讓我們先以簡單方式描述目前十大情治單位現況：

一、**國家安全局**：負責綜理、處理國內外、及大陸、國際間重要情報資訊的單位，由於總統的不重視，已喪失整合、領導情治單位的能力。

二、**調查局**：長期以來，國內最優秀的情報單位，由於政黨輪替、工作不受重視，內部論資排輩，人滿爲患，士氣低落。

三、**軍事情報局**：最有情報戰鬥蒐集能力的單位，之前，八年換九個局長，全部外行領導內行，主業完全不受重視，浪費年輕人和大量資源。

四、**警政署**：老闆是總統的最親信，署內中山幫當道，捍衛社會正義、執法的尊嚴屢受打擊，急需重振專業形象與士氣。

五、**憲兵司令部**：隨著軍人地位下降，軍審被撤銷後，已被裁、撤、併到只剩空殼。

六、海巡署：自成格局，服從命令，以不出事爲最高指導要求。

七、移民署：傾全署力量，形塑署長，做秀。

八、國防部：喜歡握權控制的高部長，換過空軍部長後輪到海軍當部長，國軍在無能的統帥領導下，現在和未來，都看不到希望。

九、廉政署：竟然不知道國內單位的弊案大到深不見底，是目前各情治單位中最努力的單位。

十、電訊發展室：是所有情蒐單位中，能夠維持專業度，受影響最小的單位。

情治工作需要不分黨派共同努力

針對以往放牛吃草的情況，如果「國家安全會議」能夠面對當前科技網路部門整合，掌握大陸情勢，正確瞭解國內民意需求，做爲所有情報資訊最終的接受、使用站，恢復情報單位「忠誠、倫理、紀律、效率」的特色，個人提供以下三個面向的建議：

一、整合科技資訊資源

從國安局科技中心，國防部電展室、統指部、陸、海、空軍監察中心，軍情局電訊室、監聽中心，到調查局、刑事局、海巡署、移民署、廉政署，各單位監聽、竊聽工作的法律依據？監督、資料功能如何界定、整合？尤其，避免重複、疊床架屋是首要之務。

二、國內、社會資訊掌握分析

馬英九執政六年，內政全盤皆墨最大原因在於，「耳不聰目不明，不負責任」與現實脫節，包括所用官員完全不瞭解人民基本生活需求，連與一般百姓對話的「氣口」（台語）都對不上，這才是關鍵。

三、重視、提升大陸工作

不論兩岸關係如何提升，正確瞭解、掌握大陸情勢變化，才能做出對我最有利的判斷、決策，如此對大陸情報工作的深化，需要不分黨派色彩一致共同的努力。

而目前唯一對大陸情報工作的單位國防部軍事情報局，自葉翔之局長後，全部空降，甚且成了陸軍出身將領的禁臠，從頭到尾沒有一個人確實瞭解情報、對大陸工作、諜報派遣需要如何的專業，只會要求立正、稍息、服從、三〇〇〇公尺跑步測驗，甚至離譜到把照顧敵後失事同志的慰助金二十七億上繳、輸誠，以換得上將的晉升。

多到不勝枚舉的笑話，建構在第一線對大陸工作人員的血淚生命上！我們不是要建構一個敵視中國的氛圍，但是在和平相處、共圖發展、進軍世界的前途上，我們必須以有效的方法，正確掌握、瞭解大陸情勢發展才是生存之道。

以國安之名，逕行監聽、竊聽

長官利用職權對我做全面監聽，而且警告一些人，少跟我來往。

我最早接觸到「監聽情報」，是在國家安全局海外部門（後來改成國際工作處）工作時，一份「彩虹資料」以紅色卷宗交到手裡，標示著「極機密」外加一行警告：本件資料來源為極機密，不得外洩！

沒有人告訴你，這是什麼？

李登輝執政浮上檯面

做為案情資料的一部分，我被告知：不得引述，只可以「知道」，算是瞭解背景的關鍵情資。而文件的來源、交付、處理、歸檔，都有一定的程序和專人監控、追蹤和處理。

後來才漸漸知道，原來我在國防語文訓練中心，同習法文那幾個警備總司令部電訊班畢業的同學，都是隸屬於警總電訊監察處，專門從事國內外電話、電訊監聽的工作人員，他們最大的特色是：低調、口風緊、口風非常緊，而且生活圈子小，單純。

後來在宋心濂局長任內，裁撤「安華中心」更是整個民主進程中的重要單元。安華中心是設在總統府內，一個看不見的單位，負責監控府內所有打進、撥出電話的錄音、監控、監聽工作，全面監控有任何絲毫洩密、違紀事件，都完全掌握處理，一直到後來才知道，這個中心直屬國安局五處通訊科技部門。

在李登輝執政，不斷的政治鬥爭時期，安華中心裁撤，人員轉移、安置，如何做到船過水無痕？沒有抗爭、洩密、不滿情事，在那個階段，處理的過程確實費盡很大的心力，在情治單位中，警備總司令部、安華中心的裁撤，宣告解嚴完成，在民主過程中，是個重要的里程碑。

監聽這個名詞，也在李登輝執政時期，漸漸浮上檯面，特別在「政爭、選舉」劍拔弩張、最關鍵時刻，林洋港、蔣緯國、郝柏村聯合抗李的時候，李登輝是毫不掩藏直接以監聽資料，運用媒體，打擊政敵，把對手會晤的人員、時間、地點，甚至內容赤裸裸地曝光，造成震撼畏懼！說穿了就是鞏固自己的權力位置。

一九九四年，我在服役滿二十一年後打報告退伍，離開國安局，錯綜複雜的理由中，少不了有清算鬥爭因素在內，因爲我在巴黎工作時期鋒頭太健。在我奉令外派出國前三天的一場宴請，沒有任何理由、說明，連申訴機會都不給的情況下，擱置外派，只因爲我宴請的賓客中有一個是局長最不喜歡的會計室副主任，我被當成殺雞儆猴的祭旗者，用來立威！

一己之力如何對抗國家機器

當時年輕，不滿也不甘示弱，退出後立刻於九三軍人節那天，在聯合報發表一篇「軍人生涯，父親無悔，我無奈」的文章，我們再多的努力比不上長官的英明，以此諷刺殷宗文。

那段期間，整個軍人的氛圍已經被李登輝整到無言了，三大報紙沒有一篇有關軍人節的一滴報導，聯合報特別在我那篇文章上，加個小標：今天軍人節。

據說殷宗文在看了我的文章後說：「很好！寫得很好」！

從第二天開始，每天一大早，我前一天所有的通聯紀錄、譯文，是以紅色卷宗放在他桌上。

這是有證人的告知，也就是他利用職權對我做全面監聽，而且警告一些人，少跟我來往。

你能怎麼辦？向誰申訴？按鈴嗎？只有繼續寫作再批評吧！後來想通的是：你憑什麼可以對抗一部「國家機器」呢？

而那時候最有名，紅透半邊天，和李登輝情同父子，最後因背叛被逐出的人叫做蘇志誠，國安局依例，每個月要到總統府做一次反偵測，查看所有系統有無被入侵？或植入？那個小蘇子，大概壞事做得多，特別緊張，要求國安局專門爲他，每周做一次反竊聽偵測。

阿扁任內，對軍情單位，最極致的表現是八年換了九任「國防部軍事情報局長」，那個中將職缺的軍情局長成了他酬庸聽話、有功、願意歸順追隨他軍中人物晉升中將的巧門。

此外還有更重要的任務：李登輝末期，裁撤警備總司令部，將大部分人員、業務編到新成立的海巡署，而其中一個最敏感又機密的單位電訊監察處，簡稱電監處，成爲最燙手的山芋，擺在哪裡？如何安置？國安局？調查局？警政署？海巡署？沒有一個單位敢要他！

為政治服務？為個人效忠？

後來在多方協調下，把他藏在軍情局之下，但卻是一個局本部看不到、督導不到，也找不到的單位，直接由處長—局長—總統拉一條直接線掌握，包括人事、經費、採購、任務都是直接的。

如果總統要你當軍情局長，給你升中將，你連這點「心意」都不瞭解，都掌握不住？那也是阿扁短酬庸、快換人的原因之一。

而領導那個單位的主管，不算以前，從他當頭前後二〇年，總統都換過四任，管你藍爭綠鬥，人家還以專長讀到博士，到馬英九上台後還升他當軍情局副局長，然後功成身退，誰敢追究在他任內，是以國家安全理由？爲國家工作？爲政治服務？爲個人效忠？是竊聽？監聽？聽誰？

似乎這將是個永遠不會出現的答案！

情報界的人都知道，不論那一種類型的政權、國家，是自由、民主？還是專制、極權、共產？只要掌握權力的人都不會放棄，藉由監聽、截取、威迫利誘不擇手段，從電訊、網路做爲國家機器蒐集情報的手段。

做爲一個不上不下，半吊子，又全然聽命、受制於美國的軟骨國家，人民隱私的權利保障在哪裡？能有所期待嗎？

台灣版桂河大橋

按照敵情、目標，蒐集資料分析、調派兵力，完成炸橋演習作戰計畫。

經過三個月訓練，政戰特遣隊第三階段的重頭戲是「期末演習」，綜合所有學習課目，教官組設計演習狀況任務，我們執行破解，印象最深刻的一次突擊炸橋任務，他們在關西山區，找到一條前後都不搭邊，視野清楚，無從掩藏的好目標。

那是一條七〇公尺，磚石、水泥、鋼筋建造的橋梁。

棘手的任務終於來了！

這頭，一條路由西往東，最遠方距離橋頭一五〇公尺處，有個小村莊聚落，一條河流從村邊田野彎曲向前，轉下穿流過橋而去。

那頭，村莊在三〇〇公尺外，接到橋頭的路筆直往東方，一條長長的馬路，毫無遮蔽掩護。

選擇這裡擺明著考我？易守難攻的地形，目標設定那座橋，唯一的接近路線，只有那條要命的河流！流在元月分，那麼冷冷的天氣！

任務：二四〇〇時，準點，炸橋！

橋頭兩邊，設計四個攔截檢查哨，橋面一組巡邏哨，嚴防冒充接近。

這是期末測驗最後一關，隊長和總教官親自督陣，看我這個最強的分隊如何過關？

下午二點左右，我把部隊帶到這邊山頭，透過望遠鏡看見教官在橋頭，兩端佈置檢查哨，連公車都逐一攔下搜索，目標兩邊毫無掩蔽物能夠支撐我設前進火力支援陣地，唯一接近目標路線，只有那條河，而我的任務目標：「今晚二四〇〇準時，炸掉這座橋」。

我心想：慘了！棘手的任務終於來了！

在我環視地形後發現，只有我的右手邊，山腳下的一座茶莊算是安全點，還有，必須從馬路穿過橋，去到村莊上游，才可能正確觀測橋梁結構、全貌，並且計算出炸藥使用量，如何安裝、爆破，這個部分完成之後，撤退、脫離、斷後的支援計畫才可能進行。

變裝茶廠工人掩護任務

我讓分隊副帶一個班，沿山脊線往河流上游村莊前方活動，轉移目標，讓教官注意力集中到那頭，以為我會從另邊發起攻擊。

同一時間，我已經帶著二個爆破士官和裝備去茶廠，找到老闆，告訴他我們的演習需求和要求幫助。

在「身分掩護故事」中，我成為他讀文化大學法文系的表弟，改名換姓，把家族人口、兄弟、父母…強記背誦，這是萬一被教官攔獲，如果掩護故事完整，問不出破綻，包括蹩腳的客家話，說不好的原因？只要過關，也算是成功。

當天的情況：我唯一的優勢是天候不佳，中午太陽很快消失，換來淒厲冷風，我必須以最大耐心，用磨用蹭去分散、影響教官的注意力，等待入夜天黑後，我們才有潛進河流中，不被發現的機會。

在和茶廠老闆套招編劇後，我換上廠裡工人服，身上撲些茶粉味，請老闆用機車載我，以平常速度穿橋去到村莊上游，刺探敵情，沿路記下教官兵力部署、哨兵配備、橋梁結構、材質，目測水流速度、水深？橋墩工法？需求炸藥量？如何安置爆破？

回到茶廠，按照敵情、目標，分析、調派兵力、分配任務，完成演習作戰計畫書面資料。

接近入夜時，除了欺敵手法，兵力仍舊進行，其他任務編組、分派、約定暗號、預備方案，已經反覆推演、討論，熟悉各自任務，一七一八時分，天色已黑，爆破組由我領軍已經在上游下水，其他各組也分別就位展開行動。

我們帶著教官發給的假設炸藥和引爆器材，以及三根防水包紮好的引爆火柴、個人武器裝備，在教官完全掌握不到的地方，做好僞裝，也不管這一月分水溫多低，採集當地水生植物做成掩護墩，花了五個半小時以潛浮、順流、漂移方式運動到達橋墩底下，並且爬上橋面和橋墩之間的空間處。

霹哩啪啦！爆炸了！

接近深夜的風，在無可覓藏的高處，吹到眼睛都快睜不開，二四〇〇，到達的秒針接近時，我開始劃火柴，一次又一次，天殺的那個停不止的風！第三根火柴被吹熄的同時，聽見總隊長的皮靴和說話聲音，在我頭上響起：「怎麼樣？三分隊！李天鐸這次總該沒辦法了吧?!」

我躲在他腳下，確定三根火柴失效，時間到，總教官才說完話的第一時間，大聲吼叫：「霹哩啪啦～霹哩啪啦！爆炸了！」

總隊長和主任教官們定神、張望、彎腰，看我全身濕透舉著炸藥包在他們正中腳底下時，笑著罵道：「他X的！你這小子！算你成功！」

我迅速跳下河，去到接應點帶著部隊撤離。

在演習完畢，總結檢討會上，教官說，如果正式任務，引爆器材當然不會用火柴，當時我機智應變的方法，被判定成功完成任務。

這個案例，經過和表現被軍團以紀錄送給師部，成爲我們部隊移防馬祖，接受馬防部年度任務訓練時，我被指定擔任作戰官，負責設計、想定、執行全程訓練計畫的原因。

我們乾了這杯酒！

對情報工作懷著想像的年輕人，到頭來卻成不了名，苦了生命，埋了家庭。

二〇一四年十月三十一日，國家安全局退休人員向內政部正式申請，奉准以社團法人的方式，成立磐安退休人員聯誼會組織，我被邀爲創始會員之一，在做、在看，也在想⋯⋯。

無知無情的領導

因爲這段歷史、這條路，怎麼走過來的？歷歷在目。餐敘中那麼多老朋友、老戰友聚在一起，一股茫然的失落，彼此依靠的慰暖，正是這國家在「情報」這個區塊，只會用你，不重視你，讓你自生自滅，反正沒有多少選票！悲哀的寫照，也是促使我寫下這篇文章的心意之一。

因爲，這些損失是國家必須埋單的，沒有理由怪罪那些當年以青春、熱血，爲著「國家」賣命的情報工作人員，爲這些政客扛下「出賣國家」的責任！誰有資格動口來指責？

十月三十一日是先總統蔣公誕辰紀念日，一個對台灣有過貢獻，卻被強迫除去曾經是記憶中的偉人。

而過去，我們以他的子弟兵爲名，奉之！如今，我們選在這樣的一個日子，成立我們的組織，因爲國家安全局以影響在職工作同仁安全爲理由，不願意承認、支持這樣的一個組織！這是天大的笑話，全世界沒有一個情報組織會放棄自己的工作同仁，包括工友。

當局卻只會要求，退休後管制，三年中不得赴中國大陸，那以後呢？在大陸，被請喝茶、出事、被留置私訊，都算你家的事！

一個國家情報的領導單位，能短視、不擔當，無知、無情做到如此一刀兩斷，眞是絕無僅有，令人齒寒心冷！

情報悲歌

而所有歷任長官中，也只有被我們聘爲榮譽理事長的前局長丁渝洲先生，會公開呼籲中共當局：

釋放我們被大陸拘留的情報工作人員！

憑什麼政府不出面？不出聲？還要拿我們當政治談判的籌碼？

在十月三十一日會後的餐聚中，我被邀到一桌敬酒，那是前來賀祝我們成立「忠義同志會」的老戰友，我看著他們，什麼話都不用說，一杯高粱酒一飲而盡，我知道！

我知道什麼？我知道，最苦的是他們！

這麼多年輕、熱血，對情報工作懷著想像，卻完全白紙的青年人，投身在這個染缸後，脫不了身，出不了聲，成不了名，沒了青春，苦了生命，埋了家庭，更失了選擇，還受著一個接一個完全外行的軍事領導，重複著不曾改過的老教材、老方法和自以爲是的老工作教條。這是包括最近，被中共公佈「台灣間諜」吸收大陸在台留學生的軍事情報單位，誰的錯？誰的責任？誰在教誰？誰在叫誰怎麼做？

當中國大陸傾國家之力，以一條鞭，漫天撒網的方式對付你。中華民國也好，台灣政府也好，國家安全局、軍事情報局也好！只有一個國防部，會呆頭呆腦地回應：這是誤會！

我看著忠義同志會的老戰友，只能乾了這一杯酒！這就是我們的國家？我們的政府？我們的情報悲歌！

十月三十一日，先總統蔣公誕辰紀念日，國家安全局退休人員聯誼會，選在這一天成立。

我們乾了這一杯酒！

政戰工作由盛而衰的背後

一個強調「政戰」的特遣隊，有成立、存在的必要嗎？

陸軍步兵第五十七師司令部（令）
主辦單位：政一科
受文者：李天鐸中尉
發文
附件：編實幹部名冊
日期：六三、一〇、一四
字號：（六三）駿武字第五八三二號
駐地：馬祖 北竿
主旨：

茲核定本部步兵少校副營長周志源等十六員爲政治作戰特遣隊戰時編成隊職幹部，隨令附名冊乙份，（如附件）希照辦。

說明：

編實幹部名冊正本發所屬單位及個人副本抄送本部參一科、政一、四科。

師長陸軍少將凃遂

校對：黃原源

砲宣彈也會炸死人

這是當年在馬祖，政戰特遣隊年度複訓成立時所收到的命令，我被任命爲「作戰官」。等到眞正出發時，隊長因爲其他因素未能隨行，由副隊長、政戰學校十八期的王中傑接任，副隊長兼輔導長由甫留校完畢，調派師裡也是政戰十八期的鄭輝寧學長擔任。

那一年，在馬祖，五十七師編成一個政戰特遣隊，由政戰學校畢業才一、二年的幹部，領導十六名軍官、九〇名士官兵。

從馬祖北竿，帶著一〇六名軍士官赴南竿，向梅石、工兵群指揮部臨時政戰特遣隊基地報到，接受爲期三個月的複訓，並將與南竿重裝師、六十八師展開競賽，一較長短。

這是當年艱鉅的盛況，面對中共福建軍區，廈門、平潭、黃歧、北茭半島匪砲，每逢單號，砲聲隆隆，即便是「砲宣彈」，仍然不時傳出百姓傷亡，房屋被摧毀的消息，當時最年輕的東引鄉長，就是赴任前晚，睡在鐵板村床上被炸死於屋內。

而要我們放棄在各單位、據點，原有眞正的守備、構工、作戰任務，去接受這樣一個以「政戰」特遣隊之名的任務，可想而知，各受命單位，從心裡的排斥，卻又不得不從的矛盾！

這樣才會有一個完全由政戰幹部去負責、完成的組合，這也是行前政一科長黃原源學長，一再交代：「編成不易，要爭氣！要爭氣！」的由來。

訓練過程不能馬虎

先遣：由我和通信官負責，協調工兵群完成駐地分配、使用協議、會戡山地突擊訓練場地；「牛角嶺」的使用範圍，基地內架設單繩、雙繩、三繩突擊吊橋的位置，靜態課程的教官、師資來源、調配規劃。

訂購整齊劃一的「軍魂政戰特遣隊」運動服裝。

領取訓練、演習過程中，所有必需要的通訊器材，包括頻道使用、保密、通訊規定。以及步槍、機關槍彈藥、曳光彈、手榴彈、煙霧彈、黃燐彈、炸藥、雷管、導爆索，所有訓練演習過程中的必需用品，包含柴米油鹽。

在與工兵指揮部協調過程中，瞭解到我們所有的督導、考核是由馬祖防衛司令部政一處，責成工指部負責。

我也詳細蒐集瞭解其中的關鍵人物，等部隊整個從北竿開拔到位後，我與隊長、副隊長三人開了一個會，會議中確定行前師主任交代的三件事：

一、爭取榮譽

二、注意安全

三、達成任務

我則就先遣：場地會戡、使用規範、訓練重點、督考測驗、要求及影響因素做出簡報。

特別情況：戰地；時間、空間、地形限制因素，夜間燈火管制，十一～二月分，馬祖地區東北季風強烈，有雨，平均氣溫三～十一度。

我們要做，做得實在；要訓練，訓練過程不能馬虎，所有前提：安全第一。

通信保密特別要求、管制。

每周二次從駐地跑步，經過馬防部所在地雲台山，跑回來，每月一次，不同方向，環島跑步訓練。

支援單位只是「奉命辦理」

三個月當中，最大的困擾是工指部的督訓；一個上尉後補資深軍官，以檢查內務的精神、官威，督導我們。

我們三人：隊長專門應付督訓官，我負責課程進度，如期照表操課，確保達成任務，輔導長注意官兵情緒、安全。

隊長以無比耐性、公關手法，與工指部督導組交陪，達成爭取榮譽，贏得比賽的結果。

這三個月，我們兢兢業業、紀律嚴格、團結一致、分工、分擔、相互支援，互相提醒之下，平安完成訓練。而後，我們贏得年度競賽勝出的原因是：

六八師在爆破學習課程中，使用雷管，不慎爆炸，二百多個碎片在課堂現場爆開，二名重創傷，輕傷十餘人，所有努力化爲烏有。

三個月，馬祖南竿特遣隊的複訓，有著數不清楚的壓力，十六個編成幹部並不瞭解政戰特遣隊在戰地，調兵遣將、複訓的意義何在？包括我本人，我的師部長官，和各個支援單位，只是「奉命辦理」，其中可以提出一百個沒有答案的爲什麼？

這是我在經歷過這麼多單位磨練之後，經過思考的想法：一個強調「政戰」的特遣隊，有成立、存在的必要嗎？

特遣隊是用來應付、打擊、絕殺特殊狀況的應變部隊。不是長年累月練習滲透，到敵後建立政戰據點，瓦解敵人心防的專門隊伍。如果以此來執行先期政治作戰的功能，凸顯政戰作爲，那麼其他單位，怎麼辦？怎麼看？

這其中也反映著當時的時代背景。從最初以各軍團成立一支特遣隊，到每年一次勞師動眾的複訓後，政戰特遣隊終於成爲眾矢之「的」，也悄然地在軍種鬥爭中消失，這也是政戰工作由盛極走向下坡的原因之一。

國安局六〇年有感

在大家歡聚的同時，我們做到的是，「無愧於付出與未來」！

三月一日是國家安全局自民國四十四年，由經國先生以「總統府資料組」名義創建以來，成立六〇周年慶祝日。

選在之前，我們六百多位退休同仁一起回到陽明山，歡聚、慶祝屬於自己的局慶！

沒人知道或證明你在做什麼

說到「歡聚」，對於一般人來說，是稀鬆平常的事情，對於我們這樣一個屬於「中樞」級的情報單位來說，卻是極其不容易安排的大事，因爲多數人終其一生在一個單位、一項任務，工作到老，除了他的上司，沒有別人會知道，或證明他在做什麼？包括子女，甚至退休後還繼續守著規矩。

大家也僅在熟悉的區塊、安全的環境、相識的同志中，才能、才敢放心的笑，安心地談論，僅管一個局慶加上聚餐只有四小時，但是我們一點也不在意！

因爲在有生之年，很多人、許多老朋友是不容易再見到的。所以我用「歡聚」兩字來形容那天一份屬於在場的，從上到下一致的好心情，我們衷心珍惜感謝。

從事物到人物，今年最貼心的是開放了各處室辦公室，我那已八〇歲的老科長，像孩子般高興地拉著我的手，說：「天鐸！去看我們的辦公室！」

然後當著那些年輕人的面，告訴他們：「當年我就是坐在這裡，那是誰的位置，這裡放著…」

年輕朋友或許不懂，我心裏著實感動地想說，不管科技、時代再怎麼進步，情報工作的核心精神，叫做「傳承」！

因爲問過許多不參加的人，爲什麼？回答是：「有什麼意思？連自己的辦公室都不能進去，不能看！回去吃餐飯！算什麼啊?!」

科技不外人性，而從人性中去凝聚，所發揮的力量，才是情報這份工作的精髓！

在每個人所屬的單位中，我們簽名，領到一份六〇周年紀念銀幣：一甲子的宣告、紀念一輩子的相屬！

工作紀錄恐怕真的會帶進棺材

此外，在報到時，每個人的小提袋中，一份印著：「忠誠無私　英雄無名　任重道遠　磐安一甲子　傳承永不止」貼紙，印在攜帶式淨水瓶上，和一份含著簡介的文卷。

從事物到人物，今年最大的不同是：主桌首席上坐著九五%以上都不認識、高齡近百的梅可望博士，這位一九七四年擔任中央警官大學校長的梅先生，突然以「國家任務」一句話，失蹤三年多以後，從韓國回來擔任東海大學校長。

那段失蹤期間，爲因應中美斷交後的變局，梅校長奉經國先生交付，以國家安全局駐美特派員，民間身分，二線派遣方式從事本局指派任務。

這樣一段陳年往事，若非用心整理，否則梅校長與國家安全局那麼秘密一段工作紀錄，恐怕真的會帶進棺材中了！

史蹟館迎賓牆上「一磚一印記」呈顯過去，以歷史累積、以人物爲面，階梯的牆壁中留下、傳承的是先人曾經的記憶，沒有罣礙，歷史，只要紀錄。

從梅特派想到戴先生，從戴先生談到紀先生，在情報圈內被奉稱「先生」，是份虔誠、謹慎、尊敬的稱呼。

因爲當我在經國先生七海寓所工作時，不需經過驗證，直接認車放行，極少數被通知賓客中，戴先生是其中一位，當我到安全局國際處工作後，才知道，戴先生是國安局的歐洲特派員，而另外一位紀特派則是那天同桌日本幫的小翁，憤憤不平咒罵主桌上，那個曾經當過局長的「爛人薛」！

餐廳裏有擔任過副局長以上，和一桌應邀參加的貴賓，總共四大主桌，每個曾經是的長官，都會高高興興穿梭上下敬酒，看得出來他的人緣、人望！只有那個薛上將，孤零零坐著，沒有人理他！

還有證人轉述綠營高層人士的說法，曾經得意的口吻說：「哈！哈！哈！你們不知道啊？他就是阿扁派來砸毀你們情治單位的人啊！」

與國家命運綁在一起

安全局至少還沒有人對他當面嗆聲，據說在情報局的聚會場所，許多人就當面指責他的二件惡事：

一、禁止現職人員與退休人員見面、聚會，否則嚴懲。

二、把敵後任務、派遣失事、「存記」的安家費、撫卹金汙名爲「發現小金庫」，上繳！繳到哪裡去了？怎麼繳的？合乎那一條法令規定？後來他當安全局長也如法炮製！

小翁為日本的紀特派憤怒說：「紀先生為安全局工作，一生傳奇、背景、人脈，連日本人都敬奉他若神明，將近九〇高齡住在日本，這個沒有人性的爛局長！也不准我們去照顧！」

這就是情報工作碰到「政黨輪替」最大的悲哀！而這種爛軍人也會讓他升任「上將」？無怪乎罵名連連！

以梅先生、戴先生、紀先生，美國、歐洲、日本三大特派員直接由國家安全局派遣，為國家做了多少重要的工作，也凸顯情報工作在歷史、在國家處境艱難時候的重要性！

一甲子，六〇周年局慶，我們從參與到經歷，和這個國家的命運綁在一起，在載浮載沉的人生中，認同一個中華民族，認同一個中華民國，是基本的核心理念。

感謝現任李局長用心慶祝這關鍵的六〇周年甲子慶！

在大家歡聚的同時，我們做到的是，「無愧於付出與未來」！

誰是敵人？誰又是仇人？

公家事，可大可小，而所謂處理的智慧，取決於主官的擔當。

一個溫煦的下午，老友蕭台福和我有個約會，見面時他遞送給我兩本團出版的新書《情報的藝術》上、下冊，總計五〇萬字。

「十年前，一本二〇萬字的《情報概論》，他們有本事到出版社，含電腦連版全部查扣，但是他們扣不了我的腦袋！」台福不改他死槓子頭的個性說著：「這次我用五〇萬字來回敬這口氣！」

五〇萬字回敬這口氣

十年官司期間，他斷絕、失去絕大多數舊有的關係，卻讓自己有更多時間閱讀、思考，從大量國外、公開資料、經驗中，過濾、反思過去工作上、種種經驗、做法的對、錯、盲點，經過系統整理後，更充實、有準備地出版這上、下兩冊《情報的藝術》。

什麼是「情報」？從靜態上講，情報是資訊；從動態上講，情報是活動；從結構上講，情報是組織。

曾任美國中央情報局副局長的肯特（Sheman Kent）在他所著《戰略情報》書中說，情報是一門「綜合性的應用科學」。

所以台福把本書的副標，定名爲「新時代智慧之戰」，而且用藝術來昇華涵蓋。因爲從事這項最古老工作的人，都知道「唯聖者能使間，唯智者能用間」，願意、能夠從事「情報」這行工作的人都不會是笨蛋！所以他們可以查扣我的「光碟、印刷版」，卻扣查不了我的腦袋！

台福就是這個性！當年他退休，要出版前本書的時候，我是退休人員聯誼會長，當然不願意一個好友，會爲了一本書和國安局鬧翻臉！

千眞萬確的事實是：在這個區塊中的教科書，只有一本《軍事情報學》是六〇年前以鄭介民之名出版的，此後再也沒有一本能夠符合時代、現代需求的情報教科書，如果能從正面、前瞻、開放的角度去思考、處理整件事情呢？至少，這群相交、經歷、共事超過三〇年的老朋友、夥伴身上，就不會發生這樣的遺憾情事。

他們欠我一個道歉！

因爲，每個人都在看，而時間會證明一切！

那天，台福把他出版好、準備好、完整計畫好的心血書籍，和我分享的是：一口氣！過去的十年，官司纏身，飽受限制、壓抑、威脅、緊張，連帶影響到他年邁有病的雙親、遠在國外的妻子兒女。

我依然想試著化解這件令人傷痛的事情，他在拒絕之後，給我的一句話是，「他們欠我一個道歉！」這就是我熟悉的老朋友，在我們這一代，優秀情報員都有著：各自執著的個性、想法和堅持。

講到台福，不能不提張顯耀，因爲他們兩位都是中央警官學校的畢業生。

顯耀的事情從頭到尾都錯在一個：不負責任、沒有擔當、沒有經驗的主官身上。任何從事公職的人都知道，凡牽涉到「公家」的事情，只有一句話，「可大可小」，道盡所有精髓。而所謂處理的智慧，取決於主官的擔當。

毀掉一個幹部一念之間

張顯耀所謂「犯過的錯」？他的長官當然可以糾正、教導、指正，甚至處分他，而不是一次性「斬立決」，撤銷所有職務，以自以爲是的手法，把顯耀逼到絕境。再傾總統、調查局、媒體優勢全國之力，鋪天蓋地打壓，對付一個負責對中國大陸談判的國家代表！甚至把他說成共諜！

在對付張顯耀的時候，請問總統、國安會秘書長、陸委會主委、法務部長、調查局長，當時誰的心中有中華民國？國家的形象？兩岸關係？兩岸長久以來小心經營累積的互信？

在處理這種重大的人事問題時，他們用的居然是幼稚園式、絕交、圍毆、不入流的手法！發生在國家最高層領導人的身上！請問：我們還需要敵人、仇人嗎？這是我們的國家嗎？

已故的前國家安全局長汪敬煦先生，曾經一再提醒高階主管：「培養一個幹部，要花一輩子，很長的時間。要毀掉一個幹部？只在一念之間，一下子！切記切記，要愼重！」

在傷口上撒鹽巴，當然會痛！但是看到這兩冊書，想到這兩個人，到底什麼是敵人？什麼又叫做仇人呢？

何來槍響？

特勤人員的養成，奠基於嚴格的管理、紀律、訓練上。

時間：中華民國一〇四年三月三十日

地點：國家安全局、特勤中心室內靶場

事由經過：（綜合媒體報導重點摘要）

一、三月三十日下午二時三十八分，台北市消防局獲報：大直北安路上的國安局特勤訓練中心「傳出槍響」？

二、當時，國安局報案指稱：「有人中彈」。

三、傷者：三十四歲郭姓教官，子彈從右頸進，左後頸出，送醫時，生命跡象穩定。

四、媒體報導：國安局發生首宗，特勤人員練靶，子彈不慎誤傷教官的「離奇意外」事件。

靶場最強調紀律和服從

以上媒體報導中，唯一眞實性有疑問的是第一點，因爲室內靶場是完全隔音設計，所有射擊訓練課程，每天定時在靶場內進行，如果「傳出槍響」，是不在射擊教練靶場發生？還是走火？意外？問題將更爲嚴重！

站在一位曾經在特勤工作，經國先生時代擔任過內衛幹部，外勤從事過特勤任務的人員來說，必須直言：這不是離奇意外，這是「紀律鬆弛」、「內部管理問題」，因爲靶場是最強調紀律和服從命令，全部統一聽射擊指揮官口令、命令的地方。

凡是進入靶場，戒律有四：

一、槍、彈分離。
二、槍口絕對不準對著人。
三、射擊教練場和靶場之間，人員完全清空。
四、一個口令，一個動作。

那麼本次意外發生，子彈如何能從教官右頸進，左頸出？傷在頸椎第四節和第五節之間？依據此一角度判斷：造成意外者的位置，肯定在右前，側方低角度。是授課嗎？爲什麼槍枝、彈藥沒有分開？

是射擊預習嗎？爲什麼會走火？

是射擊準備嗎？教官怎麼會在前方？

所有的疑問都在「內部管理」和「靶場紀律」兩個問題點上。

因爲特勤工作要求的標準是「萬全」，也就是萬無一失的團隊訓練、分工合作。

槍枝是和生命一樣重要的配備

若非人員訓練不足，不服從指揮、恍神、管理疏散，如何能爆出這首宗離奇的意外？因爲每位特勤人員，在使用槍枝前，養成訓練的過程和一般軍人、憲兵、警察，包括突擊隊員是完全不同的。對於各種槍械的使用、瞭解、保養屬於基本訓練。

人員從初期擔任警衛工作開始，槍枝就成爲和生命一樣重要的配備。剛開始射擊訓練前，我的副隊長是這樣徒手教我學習的：右手將左手，含中指在內的後三個手指當成槍柄，完全十字型密接、握緊，以右手食指在左手手掌上，模擬扣扳機動作，屏息、調整呼吸、放鬆身心，眼神完全凝視目標，子彈在屏息中，神、念、目標結成一氣射出。

目標只要出現，眼神看到哪裡？子彈打到哪裡，這是最難訓練的手槍，包括初期爲求手臂、手腕穩定，以空槍，在槍管處吊磚塊、鋼盔練習穩定也是常見的訓練方式。

等到從事外勤、隨扈，出任務時，所接受用槍訓練更超過一般想像的範圍。

手槍的訓練課程從近距離一〇公尺快速立射、六〇公尺跪射、一〇〇公尺臥姿射擊，以上是固定姿勢射擊訓練。

步槍、機槍、衝鋒槍的使用訓練著重在點放、火力支援上。

槍枝的基本射擊訓練完成後，重頭戲在行進間、突發狀況、運動後射擊，包括：行進中，電動標靶；好人、歹徒、壞人出現後，行進中限時辨識射擊；一五〇〇公尺限時跑完步後，立即進行的運動後射擊。

最後關頭是學自美國聯邦調查局，訓練使用的FBI射擊習會，那是每個人、每年都必須單獨完成的訓練：限時五分鐘內完成的六〇發子彈實彈擊訓練，從第一站是在標靶前，一〇公尺距離，以五發子彈裝填二次，近距離一〇發直接反應快速射擊。

使用槍枝不可掉以輕心

然後向後奔跑一〇〇公尺，邊跑邊換彈藥，臥姿一〇發射擊完畢，起身前進二〇公尺跪射一〇發，再前進二〇公尺，掩蔽牆後右手射擊一〇發，再推進二〇公尺，掩蔽物後左手射擊一〇發，最後一〇發行進中低姿勢前進射擊。

當時我們使用的是三五七右輪手槍，一槍的威力可以轟翻一輛大巴士，一個習會射擊訓練完畢，有些人個頭小，被震到手麻快握不住，若非平時訓練扎實、嚴格，哪能夠執行這樣的特種勤務？

我之所以會寫這篇文章，披露此一過程，實在是有感而發，因爲：對於有志此途的年輕人來說，槍是凶器，要實在深入瞭解才能用它，此外更不能有絲毫掉以輕心的玩笑念頭，才是最重要的！

對於一位特勤人員來說，看得見的外表背後，其實是多少國家資源累積、挑選、培養至少十年以上才能正確獨立執行勤務。任何一位不分黨派的長官，對於這樣專業的人才和資源都應該珍惜尊重。但是這樣的果實必須建立在嚴格的管理、紀律、訓練上，對於從未出過事的特勤中心來說，這樣一件「離奇意外」，沒有損及生命，實乃大幸，但是對於紀律、管理的確需要好好檢討和要求。

鎮小江共諜案帶來的省思

哪有情報首長在立法院答詢中，承諾不會派遣人員赴大陸蒐集情報呢？

二〇一四年九月，已經完成在台灣開設據點、發展組織的「鎮小江共諜案」，成爲首宗中國大陸派遣間諜，在台灣設立據點，發展二個情報網，吸收退役、現役軍官，完成宣誓簽約、領取報酬、組織的正式案例。

以上案例於同年十二月三日，國家安全局副局長王德麟在立法院的答詢中，正式證實：「我們線拉得很長，就在等一個人，那個人進來，我們就收網，他被我們捉到了」！

共軍在福建培訓情報人員

這個案件，從當初鎮小江入境台灣遭到逮捕，同時起訴六人，到二〇一五年四月十一日，再起訴空軍官校飛行訓練指揮部前副指揮官葛季賢上校、現役副主任樓文卿中校，前後總計超過十人。

在葛、樓兩人遭到調查局國安站搜索、約談、漏夜偵訊十二小時後，移送台北地檢署複訊，四月十日，北檢依據違反「國家機密保護法」，令兩人各以二〇萬元交保，並限制出境。有趣的是，葛、樓兩人在被約談時，才發現彼此都是前同事、劉姓中校飛官組織中的下線，目前劉姓飛官案發後出境未歸，此一組織還涉及王姓及蘇姓女子，檢方對涉案對象仍在追查中。

在檢視鎮案最新發展的同時，讓我想起民國七〇年初，在國安局工作時，曾經看過一則讓我記憶能夠聯結的情報，大致內容：「共軍在對岸福建省，召募一個師，近萬年輕人，訓練他們說台語，將來專門從事對台工作」。

因爲中國各省中，只有福建人生活習慣、人文、淵源、語言相通度最接近，容易培養，而在這近萬名培訓人員中，優秀人才被挑做情報工作，也是必然的。

港商身分往來台港

鎮小江在福建軍區，從解放軍上尉退伍後，前往香港定居、經商，以長達九年時間，取得正式香港居民身分，完成身分「染色」以及「掩護身分」所需要的「背景故事」，算算時間、年齡，應該是當時在福建挑選訓練的人員！這才是眞正的情報工作。

從此鎭小江以港商身分往來台港，從瞭解環境到物色吸收對象，建立據點，發展三條不同路線的諜報網，並且要求吸收對象完成宣誓效忠組織的書面文件，再用旅遊名義帶往東南亞國家，以境外交付、現金報酬的方式，完成套牢工作，這是典型的情報作爲。

從事國家情報工作，必須持續的投入，不論是時間、目標、金錢、方法和對國家忠誠的信念，組織的支援。

如今在以民主爲標榜的台灣，政黨輪替後，互不相信，沒有國家認同目標，即便我們有專業和信念，但是誰能夠扛起責任來規劃這份屬於國家生存發展所需要的工作呢？

鎭小江於二〇〇五年取得香港居民正式身分後，在高雄選擇一個酒吧，由李寰宇和朱情瑩（陸女，緩起訴），幫忙物色、吸收到店裏消費的軍官加入組織。

從完成吸收的退役飛官周自立處，單獨發展組織，他吸收前陸軍少將許乃權，許少將在參選金門縣長失敗後，遭到逮捕。

情報工作是保國衛民的必要手段

此外透過退役飛官劉中校的組織，吸收葛季賢上校，現役副主任樓中校，兩人都分別承認協助蒐情及境外旅遊、收受工作費的事證。

鎮小江共諜網具體完成以下情資蒐集：

一、幻象二〇〇〇戰鬥機機密資料。
二、樂山雷達站資訊。
三、愛國者防空飛彈部署資料。
四、空軍官校秘密文書資料。
五、有關戰備整備的重要資料。

上述情報組織間諜網，經過調查，已經超過十人以上涉案，從退役軍官到現職軍官通通淪陷，從單線到組織網的發展，中國大陸對我們情報攻勢之凌厲，我們的政府怎麼能夠無動於衷？

就以美國和以色列、德國，關係多麼的密切，但是在情報作爲上，從來沒有歇手過！

由以上事證來省思：無論兩岸關係再怎麼緩和，情報工作仍然是保護國家生存發展的必要手段，哪有情報首長在立法院答詢中，會自廢武功，承諾不會派遣人員赴大陸蒐集情報呢？

但是「唯聖賢者能用間，唯智者能使間」，如果沒有智慧、遠見、膽識、擔當的主事者，這門功課還是修不起來的！

chapter 2 戰士忠勇 豪氣在軍旅

濕透的軍服，沾滿水泥、麵粉的狼狽，累到腳都抬不起來時，無光的深夜、岸邊拍濤聲、沙灘上長長一個接一個疲憊的身影！
那是我們多少外島官兵戰士，從來不為人知的另外一面！
是我們守護著台灣。
當年，我們就是這樣薪傳熱血，誓以生命捍衛國家領土的。

一個飛行員之死，民國四十八年，李天鐸一家人和親舅舅羅宏新（後左一），舅媽李月梅（前左一）攝於台南安平古堡。

一個飛行員之死

一位領有十七座勳獎章，飛行時數三八五〇小時，加入雷虎小組十二年，最優秀傑出的戰鬥飛行員，在最風華年輕的時候殉職，為什麼？

一個最優秀戰鬥飛行員羅宏新之死！只因爲一個大官的決定？

一個家庭完全破碎了，舅舅逝世時三十八歲，留下當年不顧家人反對，從高雄嫁來台南的舅媽，帶著分別是：六歲、四歲、二歲，兩個表妹和小表弟，爲著領那微薄的撫卹和免費子女教育金，舅媽終身未再嫁。

兩個表妹分別有著不圓滿的婚姻，表弟儘管結了婚，始終扛著對母親不解、展不開的心事。

洽購幻象戰鬥機有著雷虎舅舅的心影

民國六〇年十月三十一日，我在台灣唯一的親舅舅羅宏新在加入「雷虎小組」十二年後的當天，在台北中興大橋上空表演失事，距今已逾四〇多年了。

前些天，應邀到中天電視台在談話節目中，談到這段往事，悲從痛裡來，久久不能自己，決定將他寫出，畢竟這和當年我擔任國安局駐法國代表，在準備洽購幻象二〇〇〇戰鬥機時有關係，儘管局長宋心濂二度直接告訴我：「軍火太複雜！千萬不要碰」！

只有身處第一線的我最明白，那是個絕佳時機！一定可以買成功的背後，有著雷虎舅舅的心影，爲什麼我們那麼多優秀的飛行員飛不到最好的飛機？而失事頻傳！這是當年我們能夠買到這批連法國人都還沒有用過，幻象二〇〇〇戰鬥機的背景之一。

端午節那天，我到新店碧潭空軍公墓給舅舅上支香。這是我第一次把舅舅墳前碑文，完整紀錄如下：

羅宏新　一聯隊少校輔導官

浙江新登　三十八歲

官校三十八期

民國六十年十月三十一日
駕機執行戰技演習
失事殞命　追晉中校

0725

我之所以印象那麼深刻，是他出事的前一天，我才軍校二年級，在屏東大武營接受由神龍小組指導的跳傘訓練，那時候只要休假都會往台南、水交社舅舅家跑，那天晚上舅舅很高興地告訴我，雷虎的老隊長羅化平回來，叫舅舅用F－5A帶領雷虎小組做九機編隊，隊長跟著飛，下來後告訴舅舅：「宏新啊！你才少校，接隊長太年輕了點，再等等吧！」

那年，舅舅是空軍炸射比賽，空靶冠軍，地靶亞軍，空地靶總冠軍！

我們分享他的榮耀，光榮極了！走路都有風！我做蔥油餅給他吃，喝啤酒，高興地聊到他騎Vespa載我追趕往大武營最後一班的公路局班車。

十月三十一日我們第一次跳傘，卻聽說雷虎小組當天到台北表演的消息，我訥悶著昨天舅舅怎麼沒有告訴我？

跳傘結束後到中山室看電視，也只有一個雷虎小組編隊飛過圓山飯店的畫面，其他？一點消息都沒有！當時的通訊連絡也沒有如今的便利，除了心中訥悶也只有翻報紙找，隔天跳傘下來，中央日報訃聞：羅宏新在台南殯儀館出殯的消息。

尾翼勾住高壓電塔電纜瞬間爆炸

當我把請假參加葬禮的報告送上時，負責我們跳傘的神龍小組龍頭隊長把當天失事經過告訴我：十月三十一日，參謀總長賴名湯上將爲蔣公賀壽，要求神龍小組在中興大橋表演，以橋畔沙州爲定點降落區，如此從三重埔、中興大橋到台北河濱段管制車輛成爲「觀演區」，可匯聚更多民眾賀總統壽。（其實，那時候老蔣總統身體已經不好，很少在公開場合露面，卻有一批馬屁官，想盡方法求表現）。

因爲當時天候難測，一直不敢要求雷虎小組進駐桃園，先行戡場，熟悉地貌，倒是神龍小組先來把中興大橋左側高壓電塔電源切斷，預演時還是有隊員降落掛在高壓電塔上。

及至表演當天，台北天氣不是全然的好，民眾熱情踴躍，激起參謀總長決定下令，雷虎小組從台南機場直奔台北中興大橋表演現場，殊不知雷虎當時飛的是F—5A，以四機做鑽石、菱形編隊，而且是高難度挑戰的「對地開花」，現場指揮的神龍隊長說，五〇〇〇公尺高度一塊雲，長機在出雲端萬分之一秒刹那間叫「開」！當時一、二、三號機向前、左、右各做一次翻滾帶出場，四號機垂直向下兩次翻滾拉起時，高度不夠，尾翼勾住高壓電塔的電纜線，瞬間、極速、爆炸！

那時候，羅宏新如果彈艙逃出，可保全屍，但是飛機將貼中興大橋橋面觀眾區衝爆三重埔，將不知道會死去多少民眾?!在最後一瞬間，羅宏新拉起機頭，飛機跳過橋面爆毀在淡水河中，火光沖天，機毀人亡。

這是現場，沒人能夠預測的結果，留下驚愕萬千！據說，舅舅出殯那天，成千的三重居民捻香謝送，也沒人敢將此事上報總統，因爲之前爲擊落米格機，還獲得總統印象深刻的召見，如今卻因爲一位空軍上將總長的「表功」，斷送一位領有十七座勳獎章，飛行時數三八五〇小時，加入雷虎小組十二年，最優秀傑出的戰鬥飛行員，在最風華年輕的時候殉職，爲什麼？

政府關心過遺族生活嗎？

而且，最重要的是，我那不會做事的年輕舅媽，帶著三個遺孤，在不能改嫁的前提下，依仗著微薄的「撫卹」和子女讀到大學免學費的「遺族獎勵」，過盡艱苦生活，三個表弟妹成長過程中的陰影、缺憾，導致沒有一個人得到、擁有過所謂「幸福、圓滿、家庭」，有誰曾經眞正關心過他們？

我這才想起來，我還在讀小學時候，有一次舅舅牽著我的手，到學校去找媽媽的途中，我以羨慕的眼光仰望舅舅，問他：「我長大去考空軍，好不好？」

舅舅說：「不好」！

後來我在經國先生七海寓所工作時，二〇一區隊轄區含括北安路，從忠烈祠到海總，而賴名湯住在外語學校邊上，我常於清晨在管制道路口上，看見他獨自一人在慢跑，我會望著他，跑近，經過，看見他眼神中的疑惑…？怎麼不認識我？

為什麼不敬禮？

什麼單位？這麼不懂禮貌？

我只是看著他經過，心裡一直想問：你還記得羅宏新嗎？

那是我舅舅，民國六〇年十月三十一日。

死在你手裡的，上將！

流落異鄉，蘭花無根？

那麼多離鄉背井、征戰海外的華僑，每個人笑臉的背後都是辛酸蒼涼！這是什麼命呵！

已經定居在法國的叔叔，第一次見面時，我曾經問過他，爲什麼不回國？他說他不會回來，他不會說台灣話，「他們會欺侮我！」早期想到巴黎，好遙遠！在民國五〇年、六〇年代初期，法國、巴黎眞像是登陸月球一般，遙不可及的夢！

拜訪闊別二〇年的叔叔

叔叔的母親和祖母是姊妹，叔叔的父親在老家江蘇丹陽是有錢大戶，在父親口中，這些比父親年長的富家子弟多半加入當時的青年黨，來到台灣後，接受國民黨奉養的青年黨，有吃有住有辦公場所，但是我們稱爲「姨公」的長輩，對於唯一跟隨來台叔叔的教養卻是完全不聞不問，所以叔叔和我們家的關係反而比較親，以半工半讀念完中興大學後，在新店文山高中謀得教職，並且在「震旦補習班」學習法文考得留學法國資格，爸媽以我們家一年的積蓄資助叔叔當盤纏，並且爲他餞行，那年，我在復旦中學，讀高一。

若干年後，叔叔曾有一次以學人身分返國參加國建會，送給媽媽一瓶巴黎鐵塔造型香水，被我們供著。後來叔叔經過親友介紹在法國結婚成家，在南錫大學當教授，入選法國國家科學院院士，生了兩個女兒。在疏於通訊後，讓我們以爲這個親戚發了，也忘記我們了！所以我要去比利時前，爸爸說：「你去看看叔叔。」

我沒接口，心中想的是：何必去貼靠他們?!

半年過後，我一個人闖過巴黎、德國、奧地利，看看地圖到法國的南錫與巴黎幾乎等距離，只不過要從盧森堡換兩次火車，向父親要了地址、電話，去拜訪闊別二〇年叔叔的家。

在金門當兵被欺侮的深刻經歷

十二月，從布魯塞爾往盧森堡的火車往前疾駛，天空飄著雪花，二〇年前的往事像電影在倒帶，一幕幕迎來，心情無由地湧上些許惶恐？未知的一幕隨著那張和爸爸好像好像臉型的出現，在我約略遲疑時，他叫著我的小名，親情的融接，比落在眉宇、臉龐的雪花融合得更快，叔叔……！

二〇年別後的話從身邊說起，縫紉機上放著嬸嬸正給孩子做的衣服，記憶中母親那雙粗糙的手，竟然出現在嬸嬸身上，又怎能想像出生就在富有家庭的嬸嬸，從美國嫁過來，一句法文都不會時，是如何辛苦、勇敢、堅強地面對生活和環境的！

叔叔佝僂的身體，是當初在巴黎念書打工，為賺學費，一次扛三包麵粉壓傷脊髓，加上以後艱苦生活造成的！

到現在我才明白：所有的人聽說你在法國，想到都是時髦華麗的巴黎！香水紅酒，名車艷舞！

眞正在法國生活？活命？那是絕對不可能的事啊！

我問他們爲什麼不回台灣？

叔叔印象中，在金門當排長，因爲不懂台語，被欺侮的深刻經歷。

嬸嬸向我述說若干年前回台灣的事情，那是她生下大女兒後，娘家寄來機票，回國後親友得知，從法國回來爭相宴請。

想起我們這流離苦難的國家

母親耽心她穿得土，還急買新衣，甚至到晴光市場買些外國貨來送禮！只因爲她帶回國的小禮物，在第一次到親戚家相送時被嫌小，太寒傖，被扔出門外了⋯。

嬸嬸說，天鐸，我們在國外即便帶一枝花到朋友家，也會得到歡愉的讚美！爲什麼在台灣⋯?!

我想這是叔叔嬸嬸在心裡無法釋出面對的一個結，至少在異鄉小鎭上，叔叔是個大家都敬愛的「包教授」，他們生活在那個沒有恐懼、自由自在的異國。

兩天，在說不完的話中速逝，回程火車上，窗外揮不去的雪花，冰白蒼茫，想起我們這流離、顚沛、苦難的國家？我們追求嚮往西方的富庶、自由民主，一味地追求也失去了自己，因爲窮而失去格，因爲富而忘了形，脫了軌！回到魯汶，小屋燈下我攤筆沉重地給爸爸寫信。

這是段擱在心上很久的往事，想到我們那麼多離鄉背井、征戰海外的華僑，每個人笑臉的背後都是辛酸蒼涼！這是什麼?命呵！

局長交付的任務

我心神一頓，一股熱流幾乎湧成眼淚，我向局長感謝他的知遇，並保證會以工作上的努力回饋國家。

我的前半生，工作以外，過得並不順遂，才結婚就發現：糟糕！錯了！怎麼辦？一點辦法也沒有！當時在七海，經國先生的內衛工作，家庭、婚姻，任何一點問題都影響到工作、前途。

誰叫是自己選的？

孩子出生後，以爲會有所改變，還是無解！因爲在孩子出生後，前妻爲他算命，並且相信算命說的，這孩子跟她無緣分，也因爲我，註定受罪。

婚姻好壞影響升遷外派

多少個早晨？天不亮，騎著單車，到碧潭橋邊，坐聽流水，到上班前。

最妙的是，辦公室的好友，有天突然問我：「你的婚姻怎樣？」

我說：「爛透了！」

他說：「看你整天還笑嘻嘻的?!」

我說：「能怎麼辦呢?!」

他才趕緊拜託我到會客室，因爲他老婆要到局裡告他的狀，在國安局這種單位，婚姻好壞更是影響升遷外派的！

我出國留學的派令，奉核准後，前妻更狠，直接以我「外面有女人」的理由向督察室檢舉，要我「暫緩」出國，接受調查。

七月核准的出國命令，一直到十月底，完成調查，十一月解禁，期間有次遇見局長，他還開玩笑地用食指比著太陽穴轉圈，問我：「你太太頭腦是不是有問題？」

我兩手一攤，怎麼說呢！

直到我出國當天，一大早，他在局長室約見我，把我拉在沙發椅挨著坐在身旁，向我敘說抗日戰爭爆發，他在重慶念清華大學，怎麼投筆從戎，畢業後分派在何應欽將軍手下，如何遇見他太太，結婚的經過⋯。

當我正訥悶？局長怎麼會和我說這種事的同時，他微微笑著，手拍著我的膝蓋說：「天鐸，我和你繞圈子了，我要和你說的是，婚姻，是命呵！」霎時，我心神一頓，一股熱流幾乎湧成眼淚！在煞住車後，我向局長感謝他的知遇，並保證會以工作上的努力回饋國家。

有什麼方法可以在歐洲國家進出？

在頓神過後，局長才緩緩交代我兩件事情：當年，我們和歐洲國家除了「教廷」外，完全沒有邦交關係，簽證申辦，曠日費時，各種證件備齊，送香港後再等上三個月！

局長說：

一、你去那安頓好後，去瞭解看看，萬一單位、國家有什麼緊急事情，沒有簽證時，有什麼方法可以在歐洲國家進出？

二、到那邊後，多到各地走走，多交些朋友！

以上，是行前局長交付給我的任務。

在去到比利時，安頓妥當、熟悉環境後，買了張歐境全圖，加上一本米其林歐洲各國詳圖，在每個假日標出目的國、交通方式、使用方法。

這次以火車從布魯塞爾，經過盧森堡，往德國。

下次北上荷蘭，沿海線往阿姆斯特丹、鹿特丹，往北歐走。

特別在過邊境，關檢時，分別看白天、破曉、子夜，檢查時的差別？還有坐一般車廂、包廂、餐車的檢查不同在哪裡？包括不同國籍、語言不通、服裝穿著、態度，的確大有不同！

特別在阿姆斯特丹，那裡是全歐洲境內最大的「海、陸、空，轉運中心」，以間諜、毒品、人口販賣大本營著稱！飛機、輪船、四方輻射，街頭、運河、紅燈、酒吧五光十色！令人眼花，稍不小心，就會失神！

大器淵博的局長

接著，坐車越境，在校園區找公貼：ｘｘ日出發，時間，ｘ人，到巴黎，徵共乘，攤油資。

也有幾次在同學帶領下，沿公路，比拇指向經過的車輛，比出搭便車，請准搭車的方法，越境出國。

那時候，國境關檢的差別，通常是以毒品、人口走私爲查察重點。

最遠的一次往奧地利走，我用了火車、公車、渡輪交替註記，地圖上標示花費時間、金錢、觀察重點、檢查方法等等。

這是我在國安局所經歷四任局長中最睿智、有國際經驗、大器淵博的局長，他要求幹部、培育幹部，不輕言處分，爲總統分憂解勞、承擔責任，解決問題、外派攜眷、解除黑名單、薪資調整⋯⋯都是在他任內完成，那段時間我們有幸參與受教，成爲人生中最值得、美好的記憶！

情報是一個國家賴以生存的根，一個好的情報首長尋找、培養非常不容易，他沒有藍綠色彩，只是爲國家工作，需要時間、經驗、智慧累積，不論誰主政？

請不要糟蹋情報工作！

在軍中不得不做的「下馬威」

師主任榮先生來看我，留下一句耐人尋味的話：「師長和我研究那個連，你去最好！」

我軍校畢業第一年，在馬祖列島中最前線，二．七平方公里的高登島當排長。排長任滿前，師主任榮先生來看我，留下一句耐人尋味的話：「師長和我研究，那個連，你去最好！」

他也沒有告訴我，那是個什麼連？一周後，命令發佈，我跳過步兵連輔導長，直屬連輔導長，直接接任師部四大直屬連之一的工兵連輔導長。

副師長在罵人！

回到馬祖北竿、塘岐邊上有名的「一分利」小吃店後方，是我們工兵連連部駐地，面對著四〇多名山東即墨、萊陽的資深老士官，碰到我這年輕輔導長，只有一句話：「輔導長！喝酒！（山東音，把喝酒唸成四聲的：哈酒）」爲什麼呢？

陸軍官校三十九期工兵科畢業的連長，把全連將近二百名有著水泥、木工各類專長、年輕服役戰士，全部帶到「午沙港」去蓋北竿島唯一的發電廠了，老士官全留在連部，只挑走一名他合意的資深排副，其他的？

他說了一句直接卻很傷人的話：「你們這些老傢伙，沒有利用價値了！」

這是當我到連上第一天，看到，卻不解的景象。

三三兩兩的老士官，每天，半碗米酒，對著大海、望著大陸，配些花生米，叫輔導長哈酒的原因，而連部路邊花圃，全是用空的米酒瓶圍砌成美化環境的花壇！

報到完畢第二天一大早，路邊掩體傳來不斷咒罵聲！傳令來說，副師長在下面罵人！

我匆忙跑到，站在一旁，只見兇悍的副師長，拿著指揮棒，對著滿佈灰塵的空壓機，破口大罵：「爲什麼沒有保養?!你看⋯。」

罵到興頭，看見我：「你是誰？」「我是輔導長」，他繼續罵，邊罵邊問到：「你知不知道?!」我立刻接上口：「報告，我不知道！」他咦了一聲，環顧四周，只剩下我和他兩個人：「你怎麼不知道？」

我正經認眞地向他報告：「我昨天才報到！」

他是兵頭子

副師長兇悍的臉化成「噗嗤！」的笑聲！我也忍不住，兩人笑起來，後來我們成爲很好的朋友，他升到中將軍長。

開始的事情還不止這些，第一次任滿一個月時，行政士官長把當月報表，送到我辦公室，翻開時，傻眼了?!

全連的大米、油、鹽、黃豆、麵粉，主副食品，全部吃得一毛不剩，零結餘，包括連長的行政費，我那一百元的政戰事務辦公費，那我的慶生會？各種活動怎麼辦？把行政士官長找來請教。

他用那濃厚的山東腔白我一句話：「你懂什麼?!上頭規定的！」

我請他出門後，把整份卷宗從頭到尾，仔細挑出一些問題，用鉛筆註記後，請他帶下去更改，他怒氣沖天地從我手中抽走公文，不到三分鐘，推開我辦公室門，一手遞來卷宗，我順手接著，如天女散花般摔出門外！他回身出去，關上門，撿好公文，敲門報告，雙手放上卷宗，敬禮出門。

他是一等行政士官長，我是中尉輔導長，他在試水溫，我這是在軍中不得不做的「下馬威」！

後來一打聽才知道：這個行政士官長姓國，叫若嶺，山東萊陽人，是地下連長，綽號：「史達林」！眞有一張國字臉，吃得腦滿腸肥，霸道一方。最重要的，我們全師資深士官整編自一七一團，都是山東即墨、萊陽人，同一村莊、非親即故，他是兵頭子！

師長與主任派我來的眞正原因

後來我任內一直追查問題，到下一任連長，部隊移防回台灣時，才從師部參四科追查出來，原來他們從師部參四科的補給士官長、幹訓班行政士官長和我們士官長勾結一氣，把我們連上所有構工加配米糧，不經過連部，從師部撥下時，由幹訓班士官長打條借出、賣掉，三人分贓，所以，我看到的帳目，永遠不會有結餘！

更嚴重存在的問題，一直要我處理。

因為連長是本省人，當時部隊由國民黨控制，規定連部文書、傳令、駕駛、軍械…重要職務至少要一半以上是黨員，而我們連部經過連長挑選，一個黨員都沒有而且全部都是本省人，自成王國，這才是師長、主任要派我來的眞正原因！

但是，工兵連的副連長，資深行伍出身，只會開推土機，眞正有工程、工地、構工經驗的幹部只有連長，其他五個排長，四個專科少尉，一個正期中尉，全部剛畢業，青黃不接，怎麼辦？

一生中最輝煌的學習

師長涂遂將軍與榮暄北主任無間合作，成就了我一生中最輝煌、重要的學習階段。

話說，我接任輔導長後不久，師政戰部楊副主任要我向他報到，副主任說：「師部電影隊在塘岐有間電影院，雙號沒有砲擊時，賣票、放電影，院內有個福利社，由師部連經營，每個月繳三〇〇〇元福利金給師部。那個福利社下個月起交給你工兵連，條件是每個月繳五〇〇〇元福利金給師部。」

我說：「爲什麼？師部連才交三〇〇〇元耶！」

副主任說：「他交三〇〇〇元還虧本，你腦筋好，交五〇〇〇元，去做做看！」

接手經營師部福利社

我說：「給我一個月，試看看好嗎？」

下去後，我挑了一名正直的資深士官，搭配一名高商畢業的下士，經過一個月營運，繳交師部五〇〇〇元後，所剩無幾，但是我向副主任回報，接下經營承諾。回到福利社，請來兩位士官，告訴他們我的四點規定：

一、福利社的經營，進、出貨，賣什麼東西？由他們按照市場需求決定處理。每個月經營毛利的十分之一，是他們二人的工作獎金。

二、電影院中間三排座位由工兵連包下，逢雙日、無砲擊、晚餐後，不當班的弟兄，專車接送看免費電影。（當時我們二十四小時，分三班，日夜趕工開鑿一座建在山腹裡面的發電廠）。

三、二樓雅座，是保留給師部科長級、營長以上長官的位置，我要求只要有長官來，由他們送上一瓶可樂、一包瓜子，說是工兵連長招待，做好公關。

四、我把福利社的經營，全權交付他們，直接向我負責，如有任何勾結不法，直接送軍法辦理。

結果，在最盛時期，每個月扣除以上開銷，含師部福利金，這個福利社每個月可爲連部福利金進帳一萬元以上，在夏天他們賣冰，冬天業績下滑，我從台灣進口一台二手爆米花機，業績立刻補上。

更麻煩的事發生了

後來我整合剩餘資源，包括成立第六排專門養豬，自行配種生育，超過三〇頭成豬，每周殺一頭，伙食辦得全師第一名，每月慶生會、過節，包滿紅包，安排連長慰問各個工地辛苦的弟兄（最多時候，全師轄區，我們有九個工地）。

每天早點名時，「輔導長！看看你的兵！」也成了連長的口頭禪。但是，我那「天才」連長呀？也眞有一套。在我接任半年，連部人事逐步調整、掌握後，他按規定向師長遞出返台休假單，師長問他：「工地誰負責？誰代理？」他說：「輔導長。」

師長批准假單後，指派副參謀長來到工地坐鎭協助，我也跳進如火如荼的工地，盯灌漿、看放樣，在彎腰的坑道中推水泥車，更在其中學到不少工程經驗。

更麻煩的事發生了，連長休假回來才二個月，工程最緊鑼密鼓時，他把女朋友從台灣接到戰地、工地。

師主任在第一時間把我召到師部，劈頭就問：「你知不知道？」

連長也瞞著我，我說：「我當然不知道！」

主任說：「師長氣得跳腳！工程關鍵時刻！又不能處分他！」

又說：「你下去處理，不要把事情擴大，影響士氣！」

軍魂部隊的傑作

我在回連上的片刻，請駕駛驅車到塘岐鄉公所，拜訪鄉長，告訴他：「我們連長的未婚妻，放暑假從台灣來住一個月，因為我們平時構工忙，無暇照顧，請你在鄉公所安排一個臨時缺，免費打工幫忙。」安排好後才回連上，向連長報告，從我到師部為他被罵的經過，以及我的安排、上級的要求，請他配合，然後集合全連宣布：「連長的未婚妻放暑假，來到北竿，大家知不知道？」

「知道！」幸災樂禍的小兵，捉狹地笑著。

我說：「從現在開始，任何人問起這件事情，都要怎麼回答？」

大家笑著說：「不知道！」

笑聲中，解散了隊伍。

後來，包括工地失事，一名爆破士官陣亡，所有撫卹、移靈、喪葬處理的經過，寫成一篇「北電軍魂」的文章。

一整年，二十四小時，三班日夜不停在午沙港區，鑿山闢洞，六〇公尺坑道、引道，內鑿三層樓高度的「北竿火力發電廠」，是我們二五七師，軍魂部隊的傑作！

那時候的師長涂遂將軍與榮暄北主任無間的合作，知人善任，信任、培養、磨練、教育幹部，成就了我一生中最輝煌、重要的學習階段。

之後，我一個政戰幹部，在外島前線，竟然會去接連長？

連長報到

我最重視的就是伙食！吃不好，怎麼出操？訓練？構工程？

在我輔導長一年任滿前，有一天，師長在師部召見我，他說：「以你的個性，別當輔導長，去當連長，如何？」我說：「個人沒有意見，請師長決定。」

於是，我去接下了五營一連，擔任步兵連長。前任連長因爲喝醉酒，帶著弟兄在塘岐街上和憲兵打架，被撤職。

一聲跪下！開始點名

命令發佈前，師長再召見告訴我說：「這個連戰力很強，就是軍紀差！你去，要特別注意這問題。」營長來佈達命令後，第一次晚點名，三個排、一個砲組加上連部，滿編一二六人，沒有燈光，黑鴉鴉站滿連集合場。

值星官將隊伍交給我後，眼光掃了一周，直指中央砲組帶頭第一名戰士，喝出：「報名！」他模糊應了一聲，第二次再喊報名時，我已經走到他眼前，第三次，我小聲說：「報名？」他毫不在意應著：「陳X慶」，我看著這位比我高半個頭的砲手，一聲跪下！開始點名。

接著三天，我忙著瞭解戰備任務，因爲我的第三排守護全馬祖唯一的「大道機場」。第二排守後沃港口，有一個檢查哨，漲潮時，大沃山會和北竿脫離。以上兩個排據點都有對岸「水鬼」成功登岸摸哨的紀錄。

第一排、砲組、連部跟隨我駐守在全地下的碉堡，負責全島最重要、唯一的二四○砲陣地守備工作。這三個排是島上任務最重，也是對岸共軍砲擊、滲透、打擊最重要的目標，對我來說是一分一秒都無從鬆懈的任務。三天過後，我第一次召開幹部會議，尾聲時，問在場幹部對於我的指示交代有無任何疑問？

砲組組長舉手問道，第一天晚點名，砲組砲手被我罰跪的原因？我詢問在場幹部原因？無人回答！我直接說：「早、晚點名是部隊大事，爲什麼該兵服裝不整，沒戴帽子也參加晚點名？」排長回答：「報告連長，我們以前服裝不整也可以參加早晚點名！」

這是「紀律」！

我氣得拍桌子說，在座有三個班長，曾經在師部「政戰特遣隊」集訓時跟隨我，那時候，我們在山區進行「野外求生、游擊戰術」訓練，頭髮長到肩膀，我從未曾要求過服裝儀容！現在是正規軍，早晚點名是軍中大事！從宣佈此刻起，再有服裝不整事件發生！相關班長、排長幹部跟著跪下！絕不寬貸！這是「紀律」！

記得剛下部隊的第一天，連部在大園街上，我被分派到四營兵器連當排長，早餐桌上：豆漿、白饅頭、白煮蛋，配一盤白炒高麗菜。從來沒有吃過這麼差的伙食，等我當到輔導長、連長時，最重視的就是伙食！吃不好，怎麼出操？訓練？構工程？

當連長沒有多久，有天伙食搭配特別好！我問：「今天採買是誰？」輔導長說：「是粗拼（台語發音）買的！」我說誰啊？值星排長笑著說：「就是前天，連長看部隊齊步出操，在隊伍中緊張到左手左腳換不過來的那個黃X雄！」

我請輔導長把他找來說，今天的菜色搭配、買得很好，要他好好留意學習，等伙房班長退伍後，我當著全連官兵面前賦予他辦好伙食，和擔任伙房班長的任務。他不識字，但是每天會第一個到達菜市場，看完所有的菜，記住單價，一直等到最後，才出手殺價，挑擔買回來，由於他的認眞努力，我們連上伙食得到全師評比第一名！

等到「安馬演習」我們二五七師從北竿島移防東、西莒，成爲莒光守備師，我的五營一連拿下全馬祖防衛司令部戰備訓練測驗第一名，成爲師預備隊連。相對其他各營連，多爲獨立據點，防區分散，我們據點分散不大，部隊較爲集中，所有師部任務諸如：空投、搶灘、構工、新兵訓練、演習示範，幾乎全部落在我們連上。我也利用這機會把每天起床時間重訂：

西莒島最難搶灘

○五二五～○五三○：起床、不整內務，任意著運動服裝。

○五三○～○五四○：值星官點名，帶操暖身。接著跑步訓練，單號日跑五○○○公尺，雙號三○○○公尺。

○五四○～○六一○：除了跑步外是基本體能訓練，包括仰臥起坐、伏地挺身⋯⋯。

○六一○～○六三○：進行單兵分組教練，針對個人姿勢、劈刺、手榴彈投擲、射擊、踢正步等等，做個別、小部隊、一對一的糾正練習和訓練，因爲全師只有我這個連沿著師部山凹邊，擁有一個長條型完整的連集合場地。

從○五三○～○六三○，每天經過一小時完整的訓練。

○六三○～○六四○：回據點整理個人內務。

○六四○～○七○○：進行各排、全連集中教練。

○七○○～○八○○：是早餐，整備時間，餐桌上值星官要把今天重要的任務、執行重點、兵力調配情況向所有幹部提出說明、討論，由我裁決後，分配督導任務。

八點過後，全連一一○名弟兄，各項工作分別由排長、班長帶開了！你知道嗎？馬祖八個列島中，最難「搶灘」的就是我們駐守的西莒島，一個潮汐，漲、退之間的夜晚，三個半小時，我們動員一個營兵力，要把所有登陸艦所載運來的彈藥、鋼筋、水泥、糧食、補給品，徒手接力扛運上岸邊，再集中分運。

灘若搶不完？船擱淺！記過！

在水面溫度二度，寒風刺骨的海水中，我被授命：帶著全連弟兄下海「運豬」，為什麼？

搶豬任務

我向身邊的幹部做了任務重點提示和分配後，朝著海上艦艇中的豬一指，下達命令：五營一連，上！

很早的時候，就有前輩告訴我，軍人生涯中，最重要的歷練是「連長」，他，像是一朵花，可以盛開，也可以枯萎，因爲整個連的人事、財務、教育、訓練，全部由你一個人直接掌握，是成？或敗？完全在你！他的重要性在此！

島上缺豬肉

話說，馬祖八個列島中，最難搶的灘就屬西莒島。

那是一月下旬，登陸補給艦十天左右來一次，選在雙號非砲擊時間。從漲潮到退潮，眞正能作業時間大約三．五小時。

搶灘作業是以「演習代號」稱呼，列爲「機密行動」，在此同時全島戰備警戒提升一級，因爲各據點至少抽出一名戰士支援搶灘，以我五營一連全連以一〇〇名兵力投入，加上各據點支援人力，編成一個臨時營編制的兵力，負責搶灘任務。

這個灘頭營必須在三．五小時內，將登陸艦艙房內堆滿三層樓高的補給品，包括：彈藥、鋼筋、水泥、軍械、麵粉、米糧，悉數搶出。如果在一個潮次內搬不完，讓補給艦暴露在危險的岸灘上時，在場幹部從指揮官開始，全部記過處分！那是非常緊張、緊湊，又耗體力的工作，通常剛開始時候，我強壯的戰士能夠一次三包水泥或二包大米、三袋麵粉以小跑步進出，到後來，濕透的軍服，沾滿水泥、麵粉的狼狽，累到腳都抬不起來時，無光的深夜、岸邊拍濤聲、沙灘上長長一個接一個疲憊的身影！那是我們多少外島官兵戰士，從來不爲人知的另外一面！是我們守護著台灣。

一月下旬傍晚，代號「鴻昌十二」演習行動，讓我在淒黑的夜晚把全連帶到灘頭，一再的協調，確定潮汐時間不夠，一二〇〇公尺外海中登陸艦已經朝向我們降下坦克艙的甲板，現場指揮官徐副參謀長，剛從美國參大畢業，新科上校，把我叫到一旁，指著登陸艦說：「天鐸，看到了沒有?」「看到什麼?」「看到那些豬啊！」我說看到了！

副參謀長低聲對我說：「想辦法把那些豬弄下來，好不好?!快過年了，島上缺豬肉！」

受命後，我獨自走向海中，一陣刺骨冰澈寒流！媽呀！水面溫度不到攝氏三度，海裡水下大概攝氏零下二度不到的溫度，我叫來輔導長，讓他立刻驅車回去買兩打高粱酒帶回灘頭。當我走到海水及膝時，才數清楚那三十二頭豬，底層是木板，上頭用小指粗的鋼筋就豬身長寬焊成的豬籠，每頭一〇〇公斤上下的大豬。我向身邊的幹部做了任務重點提示和分配後，朝著海上艦艇中的豬一指，下達一句命令：五營一連，上！

打到哪裡都是就地補給

所有一〇〇名弟兄，沒有絲毫猶豫，潮水般衝進海水中，走到一個人深度，游近前艙甲板，把豬四個人一頭，四個四個從海中浮著水，推到岸邊，扛上沙灘時，有幾個體質較弱的，凍到臉色發紫，幹部二話不說，灌下一口口烈酒。這些一致的行動、訓練和貫徹命令的紀律，讓其他前來支援的幹部戰士，看得咋舌！

因爲東西莒的防務從重裝師一個旅的兵力，改成一個輕裝師，島上必須增加許多防禦工事，每次灘運，大批建材、彈藥、構工成爲日常工作最大的負荷！注重訓練的師長更不例外，師部幹訓班剛好在我的轄區，全師安頓就位不到二周，師長帶著參謀長、參四科來到幹訓班，師長往下一指告訴我：這裡、二層樓、蓋六間教室！

我看著地形，斜長方形，二十四米長往下直接一條路邊，我問師長：斜坡、矩形、捱著百姓民地，怎麼蓋？

師長說：打地樁。

我說：懂了！

到師部工程組領取工程圖，召集連上有專長、懂得木工、鐵工、水泥師父，先叫木工做三個空心磚模具，請工兵連送來二車海砂，挑二個戰技優秀的老兵，給他們十天時間灌出二四〇〇塊空心磚。

木工領來毛料開始做門窗，鋼鐵按尺寸開始切、綁鋼材，水電按圖配線，什麼都不會的戰士由値星官領去挖地基，搬運材料支援現場，地基挖好，架上鋼材，配好板模，開始灌漿，上空心磚、隔間，配門窗、水電，二個月不到二層樓六間教室，蓋好驗收了。

我擔任連長最大的不同，是連部所有軍械士、文書、傳令、補給士都要是戰技、體能、射擊成績優異、成熟的戰士，才能占缺晋升。因爲當他們成爲業務人員後，訓練時間減少，成爲師部、防衛部年度驗收、檢查、測驗的最佳死角也是目標。偏偏我這個師預備隊連，在全島就有十一個彈藥庫，要是眞正發生狀況，我們這個連在全島打到哪裡都是就地補給。

彈藥移交逐一清點

我接下防務的第一天，就要求傳令配合軍械士，對所有彈藥庫按照移交清冊，逐一清點、翻新、核對，免得被混水摸魚少了彈藥可是吃不完兜著走，這才是最大、最吃力不討好的工作，因爲看不出績效，卻是我最需要掌握和瞭解的部分！

在我們駐防馬祖二年一個多月，屆滿前，有天夜裡師長派侍從官叫我到他房間，桌上攤著台灣守備區駐地地圖，問我：「天鐸，回到台灣後，你的連代表全師，參加陸軍五項戰技測驗比賽如何？」

我立刻回答：「沒有問題！」

他說：「好！師部在雙連坡，你要到哪裡？」

我說：「離師部愈遠愈好！」

他指著地圖說：「竹圍海水浴場旁邊有個獨立連，靠著海防第四總隊部，那裡最好！」

我敬完禮，回到連上第一件事：交代軍械士，我要帶五萬發M十六彈藥回台灣，因爲我知道陸軍五項戰技測驗比賽的決勝點，取決於「射擊」項目，其他科目都好訓練，唯有射擊是靠實彈打出來的！

但是，我參加比賽了嗎？命運總是那麼難以捉摸？在回到台灣後，發生一些變數。

第一次就被記兩支過

我取回命令，掉頭就走，心情沮喪，真不知道該怎麼過？更別說帶兵了！

除了師部參三作戰訓練科長外，大概沒人知道，在回台灣前一周，原來駐地預定在龍潭的步五營會和駐守大園的步三營對調，是因爲師長和我的決定，而且指定五營一連的駐地在竹圍海水浴場旁的獨立連。

我以將近半年時間在戰地訓練、培養，參加各項競賽，累積呈現的團隊精神、士氣、榮譽感，只能以驃悍和兵強馬壯來形容。

連隊幹部的基礎教育

回到台灣，第一件事，和海防第四總隊長協調後，在海岸管制區，闢建一個小型射擊訓練靶場，在一．七五公尺半身人像射擊訓練中，我把射靶平均縮小一．五公分，當時以M十六步槍臥射，每人五發子彈，全連一二六人，射不到「滿靶」的，不到五人！

最有意思的是剛回防時，在林口師服役的小弟來找，我在集合隊伍宣佈事情，回到寢室，小弟說：「大哥，你的部隊厲害！」

我說為什麼？

他說，你的隔壁是砲組，剛才解散回來整理內務，小兵說，班長指令床墊寬度規定八．五公分，他們用米達尺在量！我們師裡，別說班長下命令，就算排長要求，也不見得有人理會！

命令如何貫徹？這是部隊死、活最大的竅門！也是外島經驗體會，我們剛下部隊時，老士官多，只要上級交代的事情，資深士官會不厭其煩地盯住，貫徹命令，等到他們退伍，領導士官由各師幹訓班自行訓練，經驗、教育不夠，命令不能貫徹，戰力自然打折扣。

但是新科士官一定會面臨老兵的挑戰，連級幹部如果不明瞭這點，初期在各種場合，教導他們訓練、要求士兵的重點，說話領導技巧，樹立權威的話，這個單位由於命令不能貫徹執行，就會常出問題，這是連隊幹部最重要的基礎教育訓練。

例假日何來不假外出？

回到台灣二五七師頂著全國第一名輕裝師的光環，師長、師主任分別榮陞，師長從東引指揮官、馬防部司令幹到六軍團司令，師主任也從裝校主任升到國防部政五少將處長。

新師長上任，也是我厄運的開始，從視察部隊的第一天，他趴到地上，檢查小兵臉盆內牙膏、牙刷擺放是否整齊？

對幹部最大的要求：脫帽！檢查頭髮。弄得全師雞飛狗跳，連罵人的內容也不脫如此，只要不聽話就記過，申誡。

我第一次和全師三個號稱最優秀的連長，被記過二次，理由是：例假日不假外出！

我拿著懲罰令去找師長，我問：「既然例假日，何來不假外出？」

他說：「你休假爲何不報備？」

我說：「部隊移防回來到現在，我全連戰士、軍官分批休完假，連上的副連長、輔導長在營，我外出休假，有何不對？」

他說：「沒有報告，就是不對！」

我說：「我是職業軍人，犯錯時你可以教我、罵我甚至處罰我，但是你用記過的方式，留下汙點，以後怎麼辦？」

新職工作怎麼做？

他說：「我不能罵你、打你，只能記你過！」

我取回命令，掉頭就走，此後只要他來，我就走！再也不願見他，整天騎車泡在海水浴場，交女朋友，心情沮喪，眞不知道該怎麼過？更別說帶兵了！

八月初，我的任期將屆，同樣在師部悶很大的劉副師長、楊副主任被我邀約來海邊散心、吃飯，我請他們轉達，我任滿後如果可以升任營輔導長，將留在部隊工作，否則將尋求離去，結果呢？

師長當然不同意，任滿後我的新職發佈：二五七師師部、政一科、組織官。這個組織官還有一個化名章，叫做「林干城辦公室」。

沒有人告訴我，沒有交接組織？這個工作怎麼做？

我想，包括師長在內，大多數幹部都不知道，這個職位的任務是什麼？我的上級是王師凱，我所有的公文直接報呈「王師凱辦公室」。

消磨軍魂喚不回？

勵精圖治、官強兵悍的「軍魂部隊」，在新任師長接手後，不到三個月全垮，而且垮得那麼快？

說也奇怪？當我們二五七師「軍魂部隊」，成功在馬祖經歷二年一個月十二天完成戍守北竿、高登，移防東西莒（安馬演習），並在陸軍總司令部各項戰備測驗、競賽、演習贏得全國性輕裝師第一名的聲譽，高高興興返台後，不到一個月，師長、師主任立即被拔擢升官到其他單位，換來陸軍參大第一名畢業的新任師長：張義，師主任：唐萬里。

師長只會趴到地上檢查內務

張義來到連上視察，給我的第一個印象就是：

親自趴到地上，檢查大通鋪下面，有無蜘蛛網？

每個戰士臉盆內的牙膏牙刷擺放是否一致？

然後，面對軍官、士兵叫聲「向後轉」！檢查每個人的頭髮有沒有過長？

如果其中有一個人不合格，他就會當著全連開始罵人！這樣的舉止成爲他視察連隊的標準動作，而且一再重複！

他不知道，關懷士氣，督訪戰備訓練、教導培育幹部，才是師長的責任，他竟然只會做一個班長該做的事情?!

當我第一次被記過，申訴無效，傷心、沮喪、痛心以後，習慣就疲了，接著只要師長來，我就騎車到海水浴場游泳，避不見面，叫個班長代表部隊去向他敬禮，而他唯一的法寶就是不斷地記你過、記申誡。

在師部立刻有一批當年不受重視的鷹犬拿著雞毛當令箭，整肅師長不喜歡的人。

我就這樣，從他當師長到我離開二五七師不到五個月，合計累積記下二大過二小過，當時我去找師長，提醒他：請他再記我一過，只要滿三大過，我可以「不適任」爲理由辦理退伍，離開軍中。

但是以過去三年在二五七師，優秀輝煌的紀錄，爲什麼他當師長不到半年，就變成這樣？他必須到陸總部、國防部去說明理由。

當我被調到雙連坡師部工作時，每天早上用餐完畢，所有的參謀、幕僚，不論軍官政戰，每天以近乎沉默、怠工、抗議的方式，坐在馬路邊坡草地上，背向馬路，也不管師長吃完帶領衆高官走過，大家笑談自若，沒人理他！他愈走愈氣，就會抓個預官起來罵，內容是千篇一律，不變的一句話：你的頭髮爲什麼那麼長？

國軍英雄被長官當狗熊？

爲什麼不剪頭髮？

我實在想不透，這個歷經二任師長勵精圖治、官強兵悍的「軍魂部隊」在新任師長接手，不到三個月全垮，而且垮得那麼快？因爲師主任配合師長變得一個調調。

拜組織官之賜，上級頒發有關重要選、訓、考試的命令會責成黨組織系統選拔，當國防語文訓練中心、法文班，受訓二年的甄試通知來到時，我以符合報考資格簽署自己，拿去給師長批准，他遲疑地勸我：「那沒什麼好考的！」

我要求他給我一試的機會，並以退爲進的說：「也不一定考得上！」

在半魯半脅迫下，師長簽字同意。

從此，每天辦公完畢，帶著書到對面中央大學圖書館用功，一個半月放榜後，我以第二名考上國防語文訓練中心，法文班七期。

在離開前，他召見，送支鋼筆並且告訴我：「天鐸，現在時代變了，我當師長，不能打你、罵你⋯⋯」

我斷了他的話說：「師長，你叫張義，我會一輩子記得，如果報不了這個仇，你的兒子被我碰到，也會倒楣！」

然後掉頭離去，當時，他帶兵管理的方式已經受到陸軍總司令部的調查。

在二五七師經歷三個師長，軍校剛畢業時，部隊番號還是五七師，師長是齊其森，我被分配到四營兵器連，擔任八一迫擊砲中尉排長，駐地在中壢大園農會對面營區，和步二連一起。

當時最大一次震撼在剛報到不久，有消息傳來：師長在師部發脾氣，一個早上，無預警式對師部連發出三次，全副武裝緊急集合的命令。

接著到大坡腳營區吃香肉，中午休息才結束，出現在大園營區，派人叫營長過來，當著二個連官士兵，手上拿著一條沒收到非制式花毛毯，面向跑得上氣不接下氣的老營長，扯破嗓子，拉長音調，破口罵道：「崔滇～～師對抗，我才保舉你當國軍英雄，你立刻給我當狗熊了啊?!」

然後把毯子往地上重重一摔！掉頭離去。

這就是齊其森，神經式帶兵風格，全師戰戰兢兢，沒有人敢不貫徹命令，否則毫無情面地操你到不敢犯錯，他當過陸軍官校學生指揮部指揮官，對五七師最大貢獻是挑選一批陸官四〇期的優秀留校軍官當連長，在赴馬祖前，他以嚴格的治軍爲軍魂部隊奠下扎實的基礎。

老校長濕紅了眼眶

在移防馬祖，我們先遣部隊甫接下高登島防務當時，傳來師長換「涂遂」接任的消息。

部隊移防才結束，師長陪同總政戰部主任王昇上將到高登視察，指定參觀兵器連我的九〇砲據點，當我結束砲操，主任看著我的兵科問道：「你是哪一期的？」

我說：「報告主任，是政戰學校十九期畢業生。」

隨行官員中響起一陣笑聲：「哦！十九期都畢業了?!」

當時陪同的馬防部孫森主任，我們師主任榮暄北都是一期畢業生。

而後，在我當連長時，陸軍有個考核訓練委員會，每年會到部隊做基層督訪，我被抽中那年，帶隊的主任委員是老校長張建勛中將，當我單獨敲門報告進去時，校長抬頭一看，有點訝異說：「是你啊?!」

因爲在我學生一年級時代，他當校長，每天中午來聯合餐廳和學生一起用餐，我被挑選專責爲他開紗門發敬禮口令，因爲他的眼神比刀劍還銳利，沒有幾個人接得下那股瞬間盯凝！

他開口問我：「這個部隊怎麼樣？」

我說：「報告校長，這個師長對部隊要求非常嚴格，私底下待我們親如家人，我擔任師預備隊連長，有任何狀況我願意犧牲生命在所不惜！」

一段話聽得老校長濕紅眼眶，用手勢比著要我別再說下去了。門外等待的師長問了經過，也是相記一輩子！

當年，我們就是這樣薪傳熱血，誓以生命捍衛國家領土的。

從軍校畢業到下部隊

是學習還是磨合？按階級還是奉命行事？每個人都瞪大眼睛盯著你看，也有人想掂掂你的斤兩？

我讀的「政治作戰學校」之前叫做「政工幹部學校」，創辦人是蔣經國先生。一九六九年政工幹校改名，那年我考進政戰學校外文系法文組（外文系成立第一屆），四年後以文學士畢業，授階中尉，抽籤分派各軍種，進入基層從事軍隊中的政治作戰工作。

學習必需的戰鬥技能

因爲政戰幹部畢業後要按抽籤命運分派到：陸、海、空、憲兵、陸戰隊各不同軍種服務，所以從一年級開始，有三個月的暑假，我們被安排到各個不同專業、特業單位磨練軍中生活，並學習必需的戰鬥技能。

◎一年級

三周：陸軍運輸駕駛學校

學習駕駛軍用大卡車，道路駕駛，基本保養維修工作。

總計九周：海軍陸戰隊士官學校

一周：左營西碼頭射擊專業管道

一周：水上求生漂浮訓練

七周：四重溪小部隊戰術訓練

◎二年級

四周：陸軍通訊學校

電報、電訊、密碼發射、使用，基礎學習訓練。

八周：屏東大武營傘兵訓練中心

由陸軍神龍小組教官訓練，完成包括夜間及武裝跳傘在內的基本跳傘訓練。

◎三年級

十二周：鳳山陸軍步兵學校

完成步校初級班訓練。

例外：

新聞系：由青年戰士報及電台完成新聞實習訓練

外文系：留校完成語文專精訓練

等到四年級畢業時，陸、海、空、政戰，四個軍校的畢業生集中在復興崗政戰學校進行一個月的「反共復國鬥爭教育訓練」，而政戰畢業生也在那時候完成軍種抽籤工作。

抽籤分發時我印象最深刻是，同寢室政治系孫高雄同學，他個子不高，非常機靈，當時大家會互相問道，你想抽到哪裡？哪個軍種？

抽到陸軍開始軍中生涯

我問孫高雄時，他說：「我只能抽憲兵，因爲我們家和憲兵有淵源。」

但是憲兵員額少，我們那期男女生畢業四九九人，憲兵需求不到二十人。

結果，抽籤時，他眞的抽中憲兵！我問他：「怎麼回事？」

他說抽籤前一晚他溜到學校邊上，關渡的關公廟向關公誠心拜求，保佑他抽中憲兵！還眞是如願顯靈啊！

我也如願抽到陸軍，分派五七師步四營兵器連擔任八一迫擊砲排排長。

這是我軍中生涯的開始，一切都是新鮮、新奇和書本、軍校所學所教完全不一樣，我們以四年軍校所培養的基本氣質、動作、體能、戰技和忠貞愛國的思想當條件來面對這個大熔爐：

專修班的少校連長，專科班的上尉副連長，滇緬回來的上尉輔導長，預官少尉五七機槍排長，山東籍資深士官長，還有一批陸軍士官學校常士班畢業的年輕上士班長，怎麼融入？

是學習還是磨合？按階級還是奉命行事？每個人都瞪大眼睛盯著你看，也有人想掂掂你的斤兩？最重要的是看你好不好相處？一板一眼還是通情達理？

除了軍、士官還有來自四面八方各種背景的阿兵哥，大專生、高初中小學畢業，甚至不識字者！怎麼辦？

一聲口令：部隊注意！一分鐘後連集合場集合，立正⋯⋯。

我的部隊生涯就此開始了！

爲什麼說軍隊生活和軍校完全不同呢？我第一次打野外就出狀況，怎麼回事？

照表操課，我集合砲排帶到大園鄉下，分配四門砲陣地練習位置，開始出操訓練，我只看過兵器手則，記下基本諸元，其他的完全不懂，只好先請排副帶操一遍，記住程序、口令，才練習沒多久，師部參三科長就來到督訓，他對我下達命令，我依前所學完成陣地架設，射擊準備，狀況下達：敵砲對你射擊！我下令反擊！

敵軍火力強大！我方陣地被發現！我下令：轉移陣地！

敵人砲火猛烈！經過三次轉移陣地，我眞的不知道怎麼辦時？

砲兵營的任務銜接訓練

他說：你的陣地被擊中了！

我只好回答：被命中！陣亡了！

他咦了一聲帶著怒意問：怎麼這樣？

我從實報告：眞的沒有學過。即便到步兵學校學的頂多是六〇砲，因爲我們一畢業就掛中尉，基層中尉缺的排長只有兵器連、搜索連、營部連才有，但是輕裝師的八一砲、重裝師四二砲是屬於專業領域。他下達命令，我三次變換陣地，敵火強大猛烈！我乾脆陣亡，死了還沒事！也是可能發生的狀況，有什麼不對？

參三科吳科長，湖北人，道地行伍出身，對我們這些一畢業就掛中尉的正期生尤其反感！但是我反應的均屬事實。

回到師部，一紙簽呈把我們同時分派到部隊沒學過的畢業生，全集中到內壢砲兵營進行一個月的「任務銜接訓練」。

等到訓練結束，才回到連上，軍團年度「政戰特遣隊」任務集訓命令到達，徵調我去擔任分隊長，帶領全師抽調的士官，總共三個分隊一〇八人到陸軍第一軍團所在地：龍岡接受爲期三個月的任務訓練。

那個階段、時期、背景下的「政戰特遣隊」，是怎麼訓練的？

刻骨銘心的訓練

每天早上穿著紅短褲，赤膊接受體能訓練，激發最原始的潛能，不斷加量、加重、加速地訓練到你的臨界點。

我遵照命令、規定領取裝備到師部報到，完成集結，由師部統一派大卡車，把我們載送到中壢、龍岡，第一軍團所在地，軍團戰技、閱兵大操場的東北隅，緊鄰火牛藝工隊的軍團政戰特遣隊隊部。

我們的任務編組：一位少校隊長，一位上尉副隊長，輔導長，作戰官，中尉政戰官，通信官，三位中尉分隊長，各配一名分隊副，一名拐拐通訊兼傳令兵，各分隊帶三十名經過選拔出來的優秀戰士，共一〇五人以任務訓練的方式完成編裝受訓。

拔除軍階只有職務稱呼

受訓的第一件事，所有軍官「拔除軍階」，那是意味著：你只有職務稱呼，沒有軍官待遇，要和所有士官兵一樣接受教育、訓練、操練和磨練。

總共十二周沒有休假的艱苦訓練開始。

◎第一階段

時間：四周

地點：一軍團本部

課程：強化體能基本操練

一之一：每天風雨無阻，赤膊紅短褲，單日五千公尺，雙日一萬公尺，限時完成的體能訓練。

一之二：伏地挺身，限時一〇〇下，初期訓練伏在大水溝上練耐力。

一之三：交互蹲跳，限時二〇〇次。

一之四：單槓引體向上，九〇秒鐘限時十二次。

◎第二階段

地點：竹東、關西特戰山訓基地、烏來下龜山橋政戰特遣隊山訓基地。

課程：山地叢林，野戰求生，突擊訓練。

二之一：繩結、垂降、攀升訓練。

二之二：雙繩突擊、夜間使用訓練。

二之三：特殊地形繩索使用技巧。

二之四：單繩突擊、吊掛，快速突擊訓練。

二之五：雙繩架設，通過突擊訓練

二之六：三繩簡易便橋安全架設。

二之七：全副武裝山地攀、爬、垂、降訓練。

二之八：全副武裝夜間山地突擊訓練。

二之九：水上過渡，基本游泳，求生訓練。

二之十：野外求生、動植物識別基本訓練。

二之十一：野外求生，有毒、無毒動植物識別訓練。

二之十二：野外求生野炊技巧訓練。

爆破游擊樣樣操

◎三、爆破訓練

三之一：火藥、炸藥、雷管、引信，基本爆破學識教授。
三之二：爆破物、炸彈製造過程。
三之三：詭雷裝置、設計製造學習。
三之四：無裝備，簡易爆炸物，炸彈製造方法。
三之五：偷竊、開鎖，安全防護訓練。
三之六：照相、繪圖、竊取訓練。
三之七：追蹤、跟監及反式做法訓練。
三之八：敵後政治作戰概念。
三之九：敵後反共文宣品製作、訓練。
三之十：欺敵，反欺敵觀念訓練。

◎四、游擊作戰訓練

時間：四周
地點：龍潭、關西游擊作戰訓練基地。

四之一：游擊戰法，戰術基本概念。
四之二：突擊概念、方法、裝備，作戰訓練。
四之三：伏擊、襲擊、埋伏戰法訓練。
四之四：撤退、掩護、斷後編組訓練及戰法。
四之五：蚊兵襲擾戰法，編組、選訓要求及訓練。
四之六：敵後滲透、突擊、破壞、擾亂，戰法技巧訓練。
四之七：敵後政戰基地設置。
四之八：期末綜合演習測驗。

政戰特遣隊從十一月一日開始到一月底，農曆年前結束，在龍岡、龍潭、大溪、關西、竹東、烏來一帶丘陵山區，強風刺骨、驟雨凜心，最艱苦的訓練在初期：每天早上穿著紅短褲，赤膊接受體能訓練，教官毫不留情，刺激、辱罵以強勢逼榨的方式激發最原始的潛能，不斷加量、加重、加速地訓練到你的臨界點。

求生只能靠自己

那一個月的交叉速成，奠定後來山地、游擊、求生訓練作戰的基礎。而室內課程均屬戰術技巧，偷、拐、搶、騙在敵後方或是生死存亡，沒有任何支援、資源的時候，如何造成敵方最大傷害、損失、恐懼，並以生死完成上級交付任務，是游擊作戰不擇手段訓練的目的。

野戰求生的所在地，烏來山區屬於中高海拔原始林場，經常在訓練途中和毒蛇野獸不期而遇，擒捕獵殺是現學現賣，山溪中捕魚、設陷阱、躲避毒物、炊火、求生，過程中不留痕跡的技巧更是不能不學。

軍團特遣隊正盛時期，有足夠兵力、資源、教官，可由軍中各專長兵科挑選最優秀人才前來支援。對於一個剛畢業四年制正期軍官來說，這段充滿挑戰、挑釁、刺激、新奇的經驗足夠令你捨命奉陪。

其中的山地訓練介乎自然與人工之間，游擊作戰的訓練，是在軍中與民間，可以非常手段方法來達成軍事任務的做法，譬如：明明帶著武器，穿軍服，蓄長髮卻沒有任何番號、標誌。看起來像老百姓，卻行動迅速一致，只在夜間出沒。

小部隊，獨立作戰，靈活、機動，所有狀況必須自己判斷、承擔、執行，沒有一個狀況會相同，沒有一個人會教你、救你，只能靠自己！

這眞是一段令人記憶深刻的訓練。

山訓，神出鬼沒

我都以最迅速的時間帶領部隊脫離現場，到一個隱密安全場所，宣達目標任務，再編組行動。

你知道台灣有個屬於中央銀行，叫做「文園」，最大、最隱密，全藏金磚的金庫嗎？那個金庫位於新店往烏來方向，經過下龜山橋往前約一〇〇公尺，左手轉彎處。當時我們特遣隊山地訓練基地，就在對面山頂上，按我們的高度，以肉眼看道路上的公路局車輛，一粒黃豆大小而已。

訓練獨立作戰能力

那段訓練期間，每次抽空用望遠鏡往下望，最大的渴望是什麼？進入十二月，平均超過一周，才逮到機會，在溪流、河邊，擦、洗個冰水澡，游擊隊在山區作戰，那准許閒功夫洗澡？

我們每天在山頂盯梢文園，望出最大的收穫是什麼？文園有個憲兵獨立排駐守，排長居然是我們那個拜關公抽到憲兵科的孫高雄同學。迫不及待的一天夜晚，我們溜下山，憑同學關係進到文園，參觀金庫外圍，洗了三個月受訓當中唯一一次最奢侈、舒服的熱水澡！

第一階段在龍岡軍團的訓練課目中，包括：觀察、目測、竊取、記憶術、蒐情方法、繪圖、情報撰寫、掩護身分、故事…，而且教官很快就帶你到外面，找尋目標做實習訓練。

一次在龍岡往中壢途中，教官把左手邊「葡萄王製藥廠」蒐情目標分配給我，限令三天完成任務。

我以一天時間完成書面計畫，包括：蒐情目標、調查內容、掩護故事、周圍環境、接敵、刺探路線、失敗備案等等都擬妥後，直接電話打到總公司公關室，以文化大學四年級新聞系，校園刊物，優良廠家報導介紹爲名，請他們安排採訪，還連夜製作實習記者採訪證。

第二天，我組成包括攝影、錄音在內的三人採訪組織，順利取得公司沿革、簡介、組織、編制、廠房配置、產量、銷售、市場分析、未來目標計畫等，幾乎百分百的完整資料，也讓教官嚇一大跳！

從第一階段末期我們已經以龍潭、關西爲中心按各種不同地形、村落模擬游擊作戰，訓練測驗三個分隊，獨立作戰能力，而且嚴格規定不准相互、橫向連繫，不准搭車、不能被發現、尤其不准洩密的要求。

白天藏匿山林中

這裡面最令教官傷腦筋的是我這個分隊，每次神出鬼沒達成任務。爲什麼？

一、從大溪到龍潭、關西、埔心、竹東、中壢桃園都是我青少年時候騎腳踏車，玩出來的地方，包括每一條小路、捷徑，所以教官不僅掌握不住我的行蹤，連出現的時間、地點都出乎他們的意外。

二、我很清楚瞭解游擊隊「生存」是唯一目的，不擇手段達成任務，什麼規定？要求？參考而已。

所以，每次教官在集合全體，發佈命令後，我都以最迅速的時間帶領部隊脫離現場，到一個隱密安全場所，宣達目標任務，再編組行動。

那個地區，夜間在道路行駛最多的是水泥、砂石貨運一〇輪大卡車。我會帶著部隊潛伏路邊安全處，派出二名會講客家話的戰士，以燈號卡賓槍攔下空車，告訴他我們在演習，問清楚目的地後，請他們順路載一程。

通常當我到達教官指定、設置座標的目標處時，教官們也才開始佈置狀況，俟我偵察完畢，記載敵情、位置、部署分析後，寫出我的攻擊方式、兵力配置、火力計畫以及任務完成後的撤退路線、方式後，放出哨兵開始爲即將到來的戰鬥，完成休息整備。

在演習過程中，白天是藏匿在無人煙山林中，每天上午十時打開拐拐無線通訊台，對頻接受教官以密碼下達的指令。

挺進下一個座標點

我按翻譯出來的座標，帶著傳令前去接受「任務命令」，順便領取當天中午的便當，早晚餐自行以野外求生方式處理。

受命完畢後，我必須按照地圖座標研究地形路線，吃過午飯帶著傳令前去偵察地形，擬定書面演習作戰計畫，內容包括對目標攻擊所需兵力、火力、完成方式、接敵路線、撤退行徑…，每個目標的完成時間多半在深夜零時到凌晨一點之間，任務完成後以急行軍撤離現場，往下一個座標點挺進。

通常那個目標是間學校，一輛軍用大卡車載著我們的行李等在那裡，經過二小時左右，山區撤退急行軍，取下行李，選擇休息教室，排妥衛哨兵，已是凌晨三點，睡到六點立刻起床，還原教室，把部隊帶到附近山區隱藏休息。

而我走路睡覺的功夫就是那時候練成的，其他人員我都安排充分休息時間，我自己除去凌晨三點到六點休息時間外，從早就處在緊張的戰鬥競賽壓力之下，每次要到任務結束完成後才會鬆一口氣。

在撤離急行軍開始時候，我請分隊副帶領，並告知前後面弟兄，提高警覺，注意我的方向，我要睡覺了！然後閉眼，鬆弛全身緊綳的神經、思緒，只憑藉前面模糊影像，以雙腿隨步伐跟進，這是在極度缺乏休息疲憊到極點，快速恢復體能的方法。

期末演習時，教官組選擇、設計一個最難的狀況任務給我，連總隊長都親自押在那裡說：「這下子，三分隊沒戲唱了吧？」其實，大出意料之外！

我的戰場初體驗

空氣中一陣燒焦火藥瀰漫味道，夾著許多紙張亂吹在空氣中、嘩啦嘩拉急促逼近的聲音！

一個面積只有二·七平方公里的小島，面對著中國大陸閩江、黃岐、北茭半島、羅源灣口，她叫做「高登島」，隸屬於馬祖列島，分別是南竿、北竿、東莒、西莒、大坵、高登、小坵、亮島，依面積大小順序排名，除了大、小坵因爲沒有戰略價值，爲無人島外，以上統稱爲「馬祖列島」。

砲宣彈從對岸直射過來

其中高登、亮島是兩個完全沒有百姓、居民，直接面對中國大陸的最前線，接受威脅最多、最大、最緊張的小島。

在那個物資匱乏、無電、缺水，兩岸對峙，單號砲擊的年代，從一九七四年二月三日，下午一三二五時分，我以五十七師步四營兵器連八一砲排中尉排長、值星官身分，指揮帶領全連在北竿午沙港登陸後，立即整理部隊行軍穿越向前去到橋仔港，搭乘擠滿二十七人的小漁船，登上高登島，在二小時內接收四一四據點和一門九〇砲成爲據點指揮官，迄同年八月三十日調升師部直屬工兵連輔導長爲止。

那半年二〇〇多天，無從逃避的壓力和歷練，才是我軍旅生涯中最重要，快速、成長、學習、面對，獨立思考的階段，因爲那是眞正的苦，在毫不留情、生死瞬間戰場壓力下的成長，也成就了我此後二〇年軍中生涯獨自面對各種挑戰，走出自己的基礎。

四〇年前的往事，經過沉澱後才會瞭解，如今整理當時充滿血淚歡笑的青春記憶，只能算是我們這世代的人，對於當時國共對峙下，一點見證分享吧！

沒有多少人去過馬祖的高登島，那個現在仍然屬於軍方管制，短期之內不可能開放，也沒有開放價値，只屬於曾經待過那裡，有著共同回憶的小角落。

全島唯一，最大的一塊平地，只有一個籃球場面積，是島上最高「營部」所在地，叫做：「高登台」，那是我們全島精神匯繫所在的「指揮中心」。

在背對中國大陸、球場中央有座小型司令台，頂上正中央繪著：青天白日十二道光芒、藍色、國民革命軍軍徽。

就在我們換防不到一個月，一枚砲宣彈從大陸射過來，直接從軍徽中央貫穿司令台，眞是百分之百的精準。

天際閃出一道火光

經過打聽才知道，那是共軍最精銳的砲兵部隊，據說這支砲兵部隊是由二次大戰日軍戰敗被俘的關東軍所訓練的，三個月後，我們發現，共軍砲擊不準了？再打聽：換防了！

軍中有句在戰場上流傳的話：新兵怕砲彈，老兵怕機槍。爲什麼？我在高登有著親身的經驗。

高登在馬祖八個列島中面對大陸最直接距離，只有八千多公尺，我們兵器連在島上接收四門空軍防砲，電動用來打飛機九〇高砲，拆開後移交給陸軍，分在四個據點，以他射程一一二八〇公尺遠距離內，用來封鎖海面目標，主要任務：擊潰來犯共軍登陸船艦。一枚一八〇公分高的砲彈裝填完畢，高低、水平、定位完成後，一八〇度半徑射擊範圍之內，要打哪裡，就打哪裡。

高登島四門九〇砲，配合南、北竿長程的二四〇砲、八英吋砲、一五五加農砲、一五五榴彈砲、七五山砲、四二砲、八一、六〇砲，以射程由遠到近，形成我們所謂：防制共軍船團、海上集結登陸作戰的砲火屏幕。

當時，單號砲擊開始，一定對最小的高登島以三發砲彈實施「檢驗射擊」，藉以測定風向高低。

雖然發射的只是宣傳彈，但是一個八〇公分高的彈頭，兩個純鋼彈尾片夾著宣傳單，用彈尾體鎖緊，經過火藥裝填射擊過來的威力也是非常恐怖的！

每到傍晚，夜幕低垂，一八〇〇時，天際閃出一道火光，低沉吼聲以轟隆隆的方式，滾滾而來，五秒鐘左右，尖銳的咻咻聲隨著爆炸聲，立即揭開無情、肅殺、致命的兩岸對戰關係。

而我這個軍校剛畢業，所謂初生之犢不畏虎，不知天高地厚的排長，在進駐據點的第二天，經過第一次砲擊後，集合據點同仁宣佈：昨天晚上砲擊大家都經歷過了，明天砲擊開始，所有同志跟著我走出碉堡，不准戴鋼盔，因爲我們也是砲兵，大家跟我一起到據點外，聽砲彈來襲的聲音，實境接受戰場狀況。

嚇傻了據點內弟兄

隔天，砲戰開始，我集合同仁一馬當先，步出碉堡才八步，緊跟我的戰士名叫高正義，第三名兵，甫出據點時候，我聽見前所未有、從來沒有聽到過的聲音；心中閃起「完蛋」念頭的同時，我直接側身撲向水泥牆角背彈面！

空氣中一陣燒焦火藥瀰漫味道，夾著許多紙張亂吹在空氣中、嘩啦嘩拉急促逼近的聲音！

我回頭看高正義的當下，他也毫不猶豫把挺有肚子的身體，凌空彈起，直接臥向水泥地的同時，距離我左側前方的「宣傳砲彈」鑽進土地一〇公尺以上所爆發的泥土，排山倒海瞬間壓了過來！我轉身拉起高正義逃回據點！

這活生生的一幕嚇傻、驚震住所有據點內弟兄！

回想著：海員出身、平常吊兒郎當的高正義，被嚇到像活跳蝦一樣彈起臥倒、泥土撲蓋而下的場景！？這是我初到戰場第三天「不知天高地厚、自以爲是」所下達的命令！而毫無感情的戰場也爲我立刻烙上活生生、最深刻的印記。

你會想知道一個加強營的兵力，待在那鳥不生蛋的小島上，爲什麼會緊張呢？

發現任何狀況？開槍！

剛移防那段期間，幾乎沒有一天沒有槍聲！在這種氛圍中，我們練就聽聲辨位的功夫。

相對於砲擊單打、雙不打，在沒有砲擊的日子，我們會比較放輕鬆，不緊張嗎？沒有！一九七四年，民國六十三年當我們被派往馬祖換防時，是全國第一批接受美國援助，換上「M十六」半自動步槍裝備後，派赴前線的部隊。

槍聲是哪個據點發出的？

高登島之所以緊張，是因為島小、沒有百姓，地形險峻，夜間沒有巡查，每天一八三〇時，各據點關閉陣地，責任區內搜索完畢，放出據點「狗」，從此刻起到明晨〇六三〇時之間，各據點遇見任何風吹草動，可疑狀況？只有一件事「開槍」！

M十六槍枝平時關保險，可以逐發點放，遇狀況改撥自動，一個彈匣子彈擊發，變成機槍，瞬間射向目標，顆顆高爆彈，鑽進去，彈口原子筆大小，爆炸出來，整個背部全像喇叭口似被爆彈出來！這就是「威力」！

剛剛移防那段期間，幾乎沒有一天沒有槍聲！步槍、五七機槍和火力強大的五〇機槍都沒閒過，在這種氛圍中，我們練就聽聲辨位的功夫。

槍聲出現，單發？點放？走火還是眞有狀況？從火力間續、快慢急促，判斷狀況程度，然後槍聲是哪個據點發出的？

面對中共，海邊，一字頭：一〇一、一〇五、一〇九據點是海邊第一線，靠近沃口、步一連防區，槍聲響起？要注意老共摸哨！左右兩側三字頭，三一二、三一三、五一五據點，步三連防區，如果有槍聲狀況，我的哨兵要立刻調整監視方向，據點指揮官也要立即瞭解情況，準備應變！

從二月到五月東北季風增強，大白天起霧時眞的會伸手不見五指，戰情電話紅色鈴聲響起，「各據點立即進入陣地」！放狗、取槍提高警覺！任何狀況？開槍！

小黑才是據點真正的寶貝

每當初一、十五月圓過後，夜間、小島上的黑也是黑到伸手不見五指，被那種流連在空氣中，可怕的黯黑包圍在四周，會令你不寒而慄！沒有電、沒有光、凜冽冷風透骨刺心，戶外結冰。

一個據點、十一個人，我和上士班長輪流，上、下半夜，據點中，點支蠟燭，窩在床位上，右手長槍、左手短槍、枕下刺刀，隨時準備拚命，也是據點在發生狀況時的應變指揮官，每小時負責叫醒戰士，換衛兵、督導每個人著裝確實，清槍執勤按照規定，確保據點安全。

在當時那種情況、氛圍初期，面對著整天虎視眈眈的中共，的確壓力大，四月初有天晚上，海邊一〇五據點、五〇機槍聲打了整晚，清晨從南竿申請加入的海龍蛙兵在一〇五據點懸崖下搜索到的可疑物是：對岸共軍用簡易木板釘起來的小漂流物、加上舵、漆上螢光、趁夜間風，向著我們吹，飄浮海上，像是登陸目標似的，讓我們緊張整個夜晚！

初期的三個月，我曾經在不同的黑夜、迷霧中陪同哨兵執勤，然後我們據點一起討論：如果發生狀況，會從哪裡開始？如果眞有「水鬼」登陸？是他害怕？還是我們會害怕？爲什麼？我們的優勢在哪？爲什麼？

當我把「反瞻瞻陣地」（每三個月一次、各據點指揮官搭乘小船繞著高登島，從海面觀察自己的兵力部署、火力死角），和島嶼守備、攻擊與防禦的兵力配比率，爲什麼是七：一的原因，逐一說明，讓全員瞭解後，大家的日子才步入正常。

這其中，我們還擁有高登島每個據點都有的秘密武器？「土狗」！據點交接時，前任移交人員，最後的任務，牽出叫做「小黑」的據點狗，經過每個人，讓牠聞過味道，再關到牠獨居巢洞中，每天關閉陣地，放出來後，牠習慣性先在據點範圍內巡邏一圈，利爪聲音在水泥地上嗲嗲傳來，然後趴臥在哨兵旁邊！

小黑才是我們據點眞正的寶貝啊！

包括我們鄰居陸戰隊前進觀測據點，只有三個人，加上一條狗，他們沒有衛哨，每天入夜封死據點，只留二個進、出的狗洞，他們那隻非軍犬，也有配糧食，爲什麼？這隻狗只認識陸戰隊員，還要穿同樣的軍服，否則管你是誰？他會從背後撲上來！一口咬定！

誓死不退的高登犬

我們「小黑」更大的功能在夏天，傍晚、砲轟開始，我們在據點外，背後靠著背彈面海的牆上，小黑跟我們一起玩耍，當砲聲接近時，我們只要跟著小黑眼睛觀看的方向，就知道砲彈的落點、路線，絕對百分百！

爲什麼？因爲狗狗的聽力是人類的七百倍！

這是爲什麼中共的砲擊宣傳單中，明白地說出：

他們不怕我們的守軍！只怕高登的狗狗！

而我們全島有編制的「軍犬」才三隻，但是每個據點都養有專門保家衛士、六親不認、誓死不退的高登犬！

外島的緊張，不單是初期，中期因爲熟悉、無聊、鬆懈所帶來的緊張和後期接近換防，因爲興奮所造成的緊張，那個壓力全部存在領導幹部、指揮官身上。

包括遞補的新兵、適應、熟悉勤務、融入團體的問題，一點都疏忽不得，每個人、每個動作都要很有耐性、逐一教授，只要一不小心就會出事！

我側翼三〇五據點：二個下哨衛兵在據點外，高跪清槍，卸彈匣後，應該是拉槍機，舉槍對空檢查確定無子彈後，推上槍機，扣扳機，完成清槍動作。

偷懶的戰士，卸彈匣後，直接放下槍枝，扣扳機，一聲槍響、一聲慘嚎，子彈從對面戰士的刺刀鞘劃出，把大腿肌腱炸開倒地，血肉斑淋直見到大腿骨！那幅慘狀和M十六子彈的威力，讓我這半輩子玩槍動武的人，總是再三叮嚀、教導手下：小心、聽話、照規定，槍枝、武器眞的是兇器！

絕對不可以用來對人的！

最酷冷的天、最缺乏的食物，一個據點的人，用渴盼的眼神看著你時，怎麼辦？

沒電缺水，日子不好過

我們在山溝中用水泥砌的小蓄水池，一天頂多撈到五加崙水，用來洗菜燒飯。

說到鳥不生蛋的高登島？你才會知道：食物可貴、水不能浪費，如果有電，該怎麼珍惜！看見老百姓、聽見小孩講話的聲音？彷佛回到「人間」，「人間」是什麼滋味?!

大家都說，外島補給罐頭好吃！沒錯，我們當時每月加配四個肉、水果罐頭，二個魚、蔬菜罐頭，軍官二條長壽香菸，士官兵一條。

我們在吃圓環的肉羹耶

但是，我們打前站與第九師負責移交「交涉談判」，沒有談妥，第九師離開時，只留下規定的戰備口糧，其他的全部帶走，由於我們是最前線，必須最早，一次交接，完成換防，掩護北竿本島，師主力部隊在一個月內，陸續接替防務。

那一個月，我們可是吃盡苦頭。由於每個據點，每周只能派一個人，赴北竿買菜，在所剩不多、保持戰備的要求下，所有糧食分成七份，每天平均二～三度的低溫酷寒，二尺厚的水泥碉堡中，冷到無處可躲！

冷的時候，容易餓，特別想吃！除了戰備口糧，和一些自己種植的芥菜外，哪有什麼吃的？每周只能一次，派採買搭小船到北竿買菜，因爲剛移防，百姓賣的豬肉漲價，司令官規定：每人每天只准買二斤肉，馬祖一斤十三兩！

憲兵執行禁令，才不管你是高登來的？要買一個據點、十人、七天分量的菜！而我們據點已經連續二周，前三天吃飯配菜勉強正常，三天後，醃漬、小條、便宜的白帶魚乾，加上從葉片吃到剩下花的芥菜，煮成麵疙瘩，這是常吃的晚餐，在用兩張裝長壽菸、木材箱釘起來、點支蠟燭的小桌上，戰士們自謔笑著說：「來喲！今天，我們又吃圓環的肉焿耶！」

那天，我記得很清楚，全據點在盼著採買回來！

他從擔子裡，拿出二條各十三兩的五花肉，當著大家面問我：「排長，怎麼吃？分七天嗎？」

我望著據點每個人渴盼、企望的眼神！告訴採買：「今天你休息，排長下廚！」

我用爆香的五花肉，切成每人二塊，加上馬鈴薯、紅蘿蔔，燉一鍋紅燒肉，只吃得大夥沒把鍋底刮個洞！

一個月沒洗澡

那是吃的，說到水？更可憐！除了土地貧瘠，更缺少水。

我們有個戰備水池，營部有輛四分之三水車，透過私下關係，送一車水？當時要給二〇〇元外加二條菸。

我們據點〇六〇〇下哨衛兵，第一件事就是挑著兩個五加崙桶，到懸崖上方，我們在山溝中用水泥砌的小蓄水池，一天頂多撈到五加崙水，用來洗菜燒飯。

平常有一點機會就找水、儲水，所以我們每天每人的用水量，規定：洗臉、刷牙，二個半水果罐頭的水，把毛巾打濕、擦完臉、刷牙，剩下的水搓毛巾，再把用完的水倒在汙水池，下午用來澆菜。

還有更大的問題，一個月了，我們都沒有洗澡，沒有水？還是沒有地方燒熱水？在我不斷打聽尋找下，終於在島上唯一的水源地，步一連轄區據點找到，經過交涉，我們自己備好燒熱水的柴火，另外送上二條菸、一打米酒。

再向指揮中心完成報備後，一個假日的午後，我們據點所有人分成三批，外出洗熱水澡，我仍然記得，用毛巾浸過熱水，擦拭全身，搓下來的黑垢，圍繞身邊一圈，那樣的地方，擦拭的心情，爽快、興奮、舒服、感慨！真是複雜！我的水車訊息也是從那裡來的，還有早期外島街上，爲什麼那麼多人經營「澡堂」？你知道了吧？

我們據點和對岸中共陣地，最大的不同，在於他們砲陣地的砲全都示威式地亮在外面，我們在半山中，僞裝得看不出來，整體砲陣地，左邊是寢室、右邊彈藥庫，全部以一．二公尺厚的鋼筋水泥鑄造而成，再疊上土石僞裝，前面射口一八〇度，全島四門形成火網。

鐵絲網中唯一的天光

據點內，二層通舖、上下十二人位置，貼牆橫著多一個上下舖是我和傳令位置，僅有的空間裏，唯一的一個窗口，是穿過二公尺厚的牆斜伸出去，從佈滿鐵絲網中引進唯一的天光，那是個通氣窗口！我們像是一群被囚禁、飛不起來的大鳥！

在無盡的日夜中，趴在床頭寫信、發呆，在那酷寒冰冷的碉堡中互相對望，輪流到窗口望天光，壓力來自：無處可藏、躲！在那被限定的空間中，什麼隱私啊？

隨著冬天解凍，五月將近時，我又想起自娛的方法，因爲士校一期畢業的上士班長，托人運來一把吉他，晚餐後，我們在據點裡爲即將到來的母親節練唱「遊子吟」，這樣夠浪漫吧?!

你知道嗎？平常練習好好的二部合唱，在母親節當天晚上，班長吉他弦音彈出，第一句：慈母手中線 遊子身上衣⋯還沒唱完，一聲啜泣，接著哀嚎⋯全據點八個大男人，再也憋不住掉出眼淚，散向四周，每個人找個地方，哭出這三個多月來，累積、無處宣洩的壓力！

我走出據點，拍著執勤哨兵的肩膀，看他端著槍，盯視海面的臉龐佈滿流落的淚水！我也哭了。

宣洩不了的心情，會發生什麼事呢？

無處宣洩的情緒

駐守外島、戰地、最前線，相對於外在的壓力、緊張，內心空蕩蕩，每個人強撐著不敢說。

壓力？心情？排解不了的情緒，在我們那個年代，能對誰說？誰又敢對誰？說些什麼呢？

我的連長，基層行伍出身；副連長，後補軍官班畢業的；輔導長，緬甸少年兵回來，打游擊出身，讀書後，進政戰專修班讀一年書，晉升少尉，現在已經是占上尉缺的中尉輔導長了。

絕對不准跑到對岸

我之所以這麼表達，是你可以看出人事、制度之紊亂，一直是國軍根本問題！包括我們這個最前線，理應是最完整、優秀的隊伍！七拼八湊，最大的考量是什麼？

一、別跑了！少掉一個誰都難過，絕對不准跑到對岸！「叛逃」是最嚴重的事情！唯一死刑。

二、聽話，能夠照上級規定達成任務，貫徹命令，卻不知道「爲什麼」，凡事要求：小心！小心！再小心！

我們連上，另外一位五七機槍排，翁排長是五專畢業，少尉預官，比較拙於言行，也少交往。

這是爲什麼？我九月才畢業，到砲兵營集訓一個月，又被派到政戰特遣隊帶訓三個月，才過完農曆新年，又被指定值星官，負責移防演習中所有調度指揮事情。

在這種情況下的幹部架構：營長、副營長、營輔導長、營部連、兵器連長都是資深軍官。三個步兵連長都是陸軍官校畢業的正期生。經驗豐富、最強的步一連守第一線，海防據點；步二連在北竿，擔任高登島所有物資、人員、戰備訓練、補給運送，支援作戰任務；步三連守住高登島左右兩側及一個面向北竿本島的據點。

另外配賦一個空軍防砲部隊，砲兵一個前進觀測所，海軍陸戰隊一個觀測伍，形成一個加強營的武力，擔任最前線守備任務。

幻想如果沒有戰爭

當酷寒的冬天過後，經過三個多月的蟄伏期，我和島上三位分別是台大、文化、海洋學院的少尉預官，合組一個「高登蜈蚣隊」，約定每當假日沒有砲擊時候，在島上唯一的營部福利社，有賣信封、郵票、零食、菸、酒、花生、油酥餅、麻花…等簡單小吃，和幾個座位，談天說地。

第一次聚會，大家喝酒聊天，台大化學系畢業的林排長，膽子大，幾杯黃湯下肚後，明知營長室在隔壁，在大夥起鬨下，老林藉著酒膽開始批評我們的老營長：崔滇！老林說：「反正我喝多了！喝醉酒說的話，是不用負責任的！」「那個阿滇啊！」…大家跟著數落阿滇的種種不是…！一個小小福利社頓時被我們這群年輕幹部炒熱起來！後果呢？

受不了批評、開不起玩笑的老營長，據說在營部大發脾氣！立刻關閉福利社小吃部！

我們高登蜈蚣隊，開始在各據點輪流做東、串連，假日無砲擊，托採買多買點東西，打牙祭。

標準配備是：二瓶老酒＋一瓶米酒＋老薑、紅糖，微火慢燉，因爲老酒略酸、酒精度弱，加上一瓶米酒煮開之後，剛剛好，一條黃魚、大白菜、肉罐頭，下二把麵條！

那在當時、戰地，偷偷擠壓出來，在那鳥不生蛋鬼地方！

結交產生的年少青春情誼，是多麼珍貴美好啊！

有一、二次在我據點後山凹背彈面，發現一塊巨石，我們躺著面對大海，幻想如果沒有戰爭，寧靜的海洋、帆船點點⋯。

每個人都只能顧自己

這是我一直說的：馬祖列島比地中海美多了！又漂亮！

我們躺著唱「白雲故鄉」，討論：爲什麼這麼廣大的山河會失去？⋯每個人訴說著自己的青春夢⋯退伍之後⋯。

最危險的一次是：心情不好，和文化美術系畢業的老周，兩人相約到靠近海的地方聊天，聊到快關閉陣地，我們抄近路，回據點，走不到三分之一，我停下來，告訴老周：「老周，你不要動，別緊張，告訴你，我們踩進雷區了！」

我指著左側方跳雷針頭給他看，他啊了一聲問我：「怎麼辦？」我說：「從現在開始，你跟著我踩過的步伐前進。」在漸黑的天色下，一段不到二〇公尺長草斜坡，我們摸索超過二〇分鐘，才脫離險境，奔回據點！

二〇〇多天待在高登的日子中，只有一次，端午節跟著總司令來前線勞軍的藝工隊，派出一個組來島上表演歌舞，唱一些鄧麗君的歌曲，眞是比過年還令人興奮！

駐守外島、戰地、最前線，相對於外在的壓力、緊張，內心卻空蕩蕩的空虛，每個人強撐著不敢說，既無隱私又無處可藏！每個人都只能顧自己！

但是，最大的壓力還是來自對岸的中共。

最大的緊張與壓力來自對岸

「弟兄們！機會來了！打不死！光榮回台灣！打死了！天上見！」

在出發移防馬祖之前，除了統一制式公文箱、背包、行李、隨身武器、彈藥之外，我們被集中到營部，要求研讀高登據點的戰備規定，那本定名爲「樂成聯盟作戰計畫」：包括敵情、守備、反空降、陣地防禦、自衛戰鬥、通訊…等各項規定、要求。

中共漁船越界

其中印象最深刻的一條是：本據點，我軍海上守備線以由西往東、海上礁岩、目測標定的三五〇〇公尺做爲海上界線，只要有中共漁船越界，不待命令，鳴槍警告，如果三艘以上越界，不待命令，得以擊沉，爲什麼呢？

當時中共漁船，雙帆、用福州杉製成的桅桿，有著電線桿一般的粗直，每艘船可以裝載一個連武裝部隊，如果順風，升滿雙帆，加足機動馬力，三～五分鐘即可登陸，這是最讓我們放鬆不下的地方，他們經年累月，以三艘漁船爲編制，全天候二十四小時，只要你睜開眼，他就在那裡定點蒐集情報。

換防完畢，翌日清晨，五〇機槍聲響起，什麼事？

「報告排長，中共漁船越界！」

在持續警告聲中，三艘漁船以三角隊型，交叉推進越過警戒線，彷彿在對我們的防守警覺和決心，做挑釁式探測？

三次警告完成，我來到哨兵陣地，望遠鏡中明確三艘漁船已經越過警戒線，我選擇爲首那艘，以五〇機槍瞄準，表尺降低二格，對準桅桿，一陣槍聲，桅帆應聲斷倒，三艘漁船立即跳回警戒線之後！

事畢，我將狀況回報指揮中心，得到獎勵，因爲那三艘是中共的「情報蒐集船」，每天在固定的地方蒐集水文、天候、氣象、據點人員、火力、武器配備、活動情報…，長年累積的數據、分析資料，做爲敵情判斷、攻擊發起，選擇的基礎。

完成戰鬥殺敵準備

由於我們不尋常的兵力移動，他們立即做出警覺測試，根據我們反應的速度，研判指揮官對戰鬥準備、接敵行動的敏銳和決心？

如果同樣違規行動，不是在第一時間處理，而是三、五、九分鐘後的行動呢？那麼表示，你在逐級向連部、營部、司令部請示，那麼這三、五、九分鐘就形同他們的「戰場優勢」，相對成爲我方致命的「死亡請示」，在這樣的解說之下，應該會明白，爲什麼我們駐守外島、前線不能有絲毫疏忽和萬分緊張的原因所在！

在二百多天高登防衛的高潮，發生在一九七四年八月二十三日，所謂八二三戰役的前一天，八月二十二日一五〇〇時，所有據點指揮官被召集到指揮部，營長直接下達「戰備狀況三」「作戰命令」：卸下砲衣、所有武器、彈藥到位，完成戰鬥殺敵準備！

敵情狀況來源是由截獲的電訊情報，破密後偵知：

「〇八二三，〇四五〇時，敵方潛水艇被要求派往：目標外海三〇〇公尺處，執行接應、撤離任務」。

經過研判：情報顯示目標應該是馬防部所屬的獨立小島，以高登、亮島的可能性最大。

我們兵器連四門九〇砲，被要求根據平時演練，針對北茭半島中共被我們標定的一〇號砲兵陣地，爲我們聯手反擊的目標，如果船團集結渡海攻擊，戰鬥目標立即改以海上敵船爲主。

閃爍在夜色中無懼死亡的神采

當我回到據點，集合所有戰士，嚴肅下達戰備命令，要求班長褪下砲衣、備好彈藥，高低手、方向手完成目標定位，從反擊目標到敵軍登陸後自衛戰鬥，各兵位置、彈藥補給、手榴彈、我的位置、指揮官陣亡、代理順序，一一交代完成後，據點情緒開始沸騰！我告訴大家：

「弟兄們！機會來了！打不死！光榮回台灣！打死了！天上見！」

我所有的弟兄，全副武裝，戴鋼盔、綁腿，抱著槍躺在床上，隨著此起彼落的機槍、砲聲、曳光彈、照明彈，火光和急如催命的戰情通報聲，讓睡在我上鋪的傳令只差沒有摔下來搶聽電話。

後來我告訴據點弟兄：「別耽心，在全島防衛作戰中，我們屬於第二線，只有在敵人空降或登陸後，我們才有立即的危險。打仗靠體力，先睡，排長在，安心！等敵人上岸，我會叫你們，只要打不死！我們就可以回台灣了！」

在兩岸那麼緊張的對峙關係中，據說那是每年八二三前夕都會上演的戲碼，「一九七四」那年，特別！

烙在我腦海中的是：整個據點，在槍、砲、電話鈴聲中沸騰的接戰情緒，還有閃爍在夜色中無懼死亡的神采！

軍中樂園，賭色戒不掉

床鋪四隻腳是用水泥砌成，床邊一張桌子，配把椅子，一盞燈，這就是戰地的人性出口！

在我們被派赴最前線高登島時，全連要補滿伍，不准有缺額，出發前我們據點分到二位服役三年的常備戰士，最後的缺額，則由剛在谷關完成山地訓練、步二營老兵中挑人補足。

在赴高登之前，就聽說二營在山訓時，有一群經常陪同營長賭博的老兵，賭贏要求換休假的事情，要特別小心！

買下各種不同的撲克牌

在我接防高登，完成據點整備工作後，島上也流傳著：前面一線據點，入夜後有聚賭情事。

我深深瞭解賭博之惡，每個人都有固定薪水，如果輸多了，賭紅眼睛，每個人都有上了膛的槍械，不怕一萬只怕萬一，在我的轄區內絕對禁止賭博。

但我也注意到，那位二營補過來的老兵陳春華，常在據點外與人交頭接耳的鬼祟舉止，包括和我們據點的採買，問過後知道，他每次要求採買到北竿時，買下各種不同的撲克牌，爲什麼？牌到哪裡去了？我心中有疑問，也提高警覺，更加留心。

時序進入五月，前線海邊據點，關閉陣地後，聚賭傳聞不斷，我和幾位排長組成的高登蜈蚣隊，在不影響戰備，假日聚會中也交換彼此的經驗和聽聞。我也用撲克牌玩拱豬，藉此引起陳春華的注意，因爲他總是趴在雙人上舖，迎著微弱的光線，在做什麼事呢？

三個月過後，還剩下不到一個月退伍的陳春華，有天鼓足勇氣和我說：「排長，你也玩撲克牌啊？」我說：「是啊，我們玩拱豬。」

輸到脫褲子！

他說：「我會變魔術、猜牌，你信不信？」「眞的？假的？」我質疑。

他拿出一副新牌，要我拆封，挑出九點以上玩梭哈的牌，開始玩，然後我怎麼玩都不是他的對手。邊玩邊談中，他希望我准許他到陸戰隊據點去參加賭局，因爲那裡賭得大，賭贏的錢全部交給據點加菜。

我並沒有答應，但是他對我不再防備，多次交談中他終於告訴我，他是二營那批賭手之一，因爲我管得嚴，所以他負責將北竿島上所有廠牌的撲克牌買回來後，小心拆開包裝，取出大點數牌，在每張規定部位，用長支橡皮擦筆做上記號，完封回去，所以開局的莊家，每次會拿出所有新牌，任你挑選，要你輸？讓你贏？怎麼也跑不掉！

退伍前我們有過多次深談，在瞭解他的背景後，我幫他做生涯規劃，他反而很認眞地叮嚀我：「排長，千萬不要到外面玩，外面的場子，十賭十詐，沒有不設局的！他們要誰贏？就給誰贏！絕對的！只要賭上，輸到脫褲子！」

相對於賭，「性」就單純多了！

我們第一次對八三一感興趣，是從老周口中得知，他擔任往來高登與北竿港口排長。他形容移防完成的第一個月，北竿八三一送來三位女性工作者，一位抱著寵物狗，一位叼著菸，濃裝艷抹，三人一路幹譙！搭船回北竿！

爲什麼？換防後的第一次，陌生、害怕、天氣太冷，害她們的生意不好，三個人，三天二夜才賣了七〇多張票！

所以？不爽啦！一路上 X！X！X！

八三一來了！

五月底天氣暖和了，一大早，前面步一連的行政士官長，穿著啵亮的皮鞋，撐著拐杖，氣喘吁吁地經過我們據點，我問他：「幹什麼啊？」他用手不斷往前指，笑著告訴我：「來了！來了！」「什麼來了？」「八三一來了！」

中午左右，我的輔導長也興奮地拉著我，「走嘛，走嘛！我們去看看！」翻過山腰，在我們全島最安全的避彈面、山凹中建築一座可以容納百人上課的文康中心，貼著禮堂左側，一排隔成四間房間，是八三一的交易所，我們看到每個房間外面，排著長長的隊伍，隔一會兒，姑娘端盆水出來，往外一沖，再接盆熱水進去。

等到她們離去後，我和輔導長好奇去到房間探索，只有一張床長度，一個塌塌米墊，床鋪四隻腳是用水泥砌成，床邊一張桌子，配把椅子，一盞燈，這就是戰地的人性出口！當然啦！我們後來有問管港口的老周：「現在八三一的情況怎麼樣啊？」他說：「三天、每個人賣七百多張票！平均一天接客二百多人次！」

你說咧?!當然也是X得要死！看得出來累！卻很高興！

神蹟、神話、命運？

大王爺神像前，一顆入土半身的未爆炸砲彈，像是叩頭般矗立在那！

沿海地區、離島，討海人生中，向老天爺討口飯吃的人，誰能不祈天拜神？而在我們服役的外島，所發生過諸多無法解釋的奇怪事情，讓我們不得不相信「命運」和對廟宇參拜，祈求平安返家的心願！是不能不聽的！

老士官長失蹤了

僅有二．七平方公里面積的高登島，雖然小，卻有個面對大海、正向大陸，一．五坪面積，煙火裊繞、香火鼎盛的「大王爺」廟。祂的神蹟就出現在廟裏正中央，大王爺神像前，一顆入土半身的未爆炸砲彈，像是叩頭般矗立在那！

通常我們是隔著中間的砲彈，向大王爺求拜：保佑我們平平安安完成島上服役的日子！

你說祂靈不靈呢？看看我們當時發生的事情：

四月，迷霧，東北季風強吹的一天，島上指揮部發出「雷霆演習」的命令！步一連一〇五據點，老士官長「失蹤」！

所有各據點人員，全副武裝，在責任區範圍之內，以翻箱倒櫃、一格一寸的方式，展開地毯式搜索！一遍再一遍！七十二小時過後，防衛司令部下達「活要見人，死要見屍」的最後通牒！否則一律論處！

當時爲什麼下達這樣的命令？耽心什麼？怕什麼？

他是不是被對岸「武功隊」的水鬼擄走了？

他會不會叛逃到對岸「投共」去了？

他如果活著，人呢？如果死了，屍體呢？

最怕就是：三、五天後，他開始出現在對岸電台中，向我們廣播喊話！

或是被中共以他的死亡，做爲老兵思鄉、或以屍諫的方式來做文章，並進行心戰喊話！

神蹟再次庇佑

司令部的軍令到來後，營長帶領步一連主要幹部和失蹤據點指揮官、同仁，備妥獻祭品，到大王爺廟，燒香虔誠地祈求大王爺保佑，傳請天助！

就在祭拜完畢，七十二小時大限當天午後，我們在東北季風迴流的礁石海溝中找到老士官長的遺體！

大王爺的神蹟再次庇佑、安撫我們全島極度焦躁、緊張、揣測不安、無助的心靈，阿彌陀佛！

八個馬祖列島中，每個島都有自己說不完的流傳故事：陰、陽、天、人、神、鬼都只有一線之隔！

另外一個比我們更小，更可憐的小島叫做「亮島」，不到一平方公里的面積，卻是鏈結馬祖防衛司令部和東引指揮部的中心點，因爲馬祖列島的砲火打不到東引、西引，反過來也是，在那個時代，在亮島以火力支援兩邊形成所謂的「北疆屏障」，以確保閩北共軍不會直逼台灣本島。

那個島上駐守全師最優秀的步兵加強連，由師部派出副參謀長擔任指揮官，所有戰士一年換防一次。

亮島發生的事情，是在我擔任工兵連輔導長時，一九七五年二月底，步二營第一連才在亮島完成換防任務的第三天，在那個島上我們工兵連派出一個工程組，由一位士官長帶領支援所有工程任務。

當天上午，我在北竿工地的電話鈴聲緊急響起，師主任問我：「天鐸，你在哪裡？」「我在工地。」「你立刻備妥祭拜用的香、燭、紙錢、水果，二〇分鐘後到橋仔港口與我會合。」

師主任榮先生帶著政二科李科長，我們三人登上船老大的交通船，頂著風浪，疾駛將近二小時，到達亮島，直奔島上唯一、不到半坪面積的「趙王爺廟」。

師主任虔誠祈求

廟前，我擺妥祭品、香燭。

主任領著指揮官、劉連長，我們一起跪地伏拜，虔誠祈求趙王爺庇護所有官兵的平安！

原因是，八字超硬的劉連長，換防後，完全不理、不信，要先拜土地公，趙王爺的事情，再說。結果隔天一位戰士踩進雷區、炸斷腿，今早島上唯一運補用的大卡車，上坡時煞車失靈，倒卡在懸崖邊上！

在指揮官嚇出一身冷汗的緊急報告中，我見識到年紀這麼大，政戰第一期的主任、學長，上岸後直奔趙王爺廟，雙膝齊跪，急切、虔誠的神情！

主任啊！戰地、命運、天、地、人、神！

在那麼小小的島嶼上，我跟著學、隨著拜，學到的是長者的智慧，是生命經過淬煉後把我們緊緊融在一起，齊心合力，薪火相傳，貢獻、付出我們的青春和生命，守護著台灣，祈求平安！

四〇年前，同樣的時空、背景、心境、變化的如此之大！

我們有什麼自相殘殺、爭鬥的理由？我們要的是什麼？

爲兩岸三地所有的華人同胞，祈求平安、健康、幸福、快樂的福佑！

戰地苦澀的日子，怎麼打發？

我們那麼小的據點，除了出操鍛鍊外，如何才能轉移焦點？讓戰士們有事做？有寄託呢？

一九七四年，我才滿二十五歲，中尉排長，第一次帶兵，第一次被派駐最前線的外島，擔任據點指揮官。

當我把「平安抵達、擔任據點指揮官」的訊息，以家書報知父母親大人膝下後，我那黃埔十六期、步一總隊畢業，曾經十年長期駐守金門、上校退役的父親，在第一封給我的家書、六張信箋，劈頭第一句寫下：

「外島守備、擔任據點指揮官；第一：要有與陣地共存亡的決心！要置之死地而後生……」

小豬又逃到玉米田了！

第一封家書，第一句話，我的腦海如五雷灌頂般爆炸開來，拿著信紙、衝出據點，面向大海，放聲哭出⋯⋯。

因爲之前，我們讀過多少「與陣地共存亡！」「退此一步即無死所⋯⋯」等琅琅上口的名言，只有到了那地方，才能感受到那意義。

而我那已經退伍的老父親，在他第一封家書的第一句話，居然是叫他的大兒子要有與陣地共存亡的決心！

這才讓長大的我，回想父親在金門戍守戰地十年，我們一年見不到三次面的歲月、記憶和父親滿是皺紋、滄桑的臉龐，都出現了。

體生驗死！生活呢？日子怎麼過？

雖然才畢業，已經開始體會「鐵打的營房，流水的兵」是什麼意思？現實！這是自己的行業、事業，要面對經營。帶兵有什麼竅門呢？「不能閒著」，我們那麼小的據點，除了出操鍛鍊外，如何才能轉移焦點？讓戰士們有事做？有寄託呢？

師部在移防時，最早想到的是：「吃、食物」，規定營部，每個據點分配一頭小豬，帶到據點去養，不准養死，列入參四檢查，統一訂定殺豬時間。

你看過養豬用鐵鍊綁起來的嗎？因爲我們沒有足夠的材料做豬圈，一個破爛的舊廚房，沒有門，而且牠關不住，常常外逃，戰士建議我用鐵鍊，可是牠也掙斷，又逃走了！

「排長！排長！小豬又逃到玉米田了！」哨兵報告。

「趕牠出來！小心！趕快放狗去追！」

「小心！別跑到雷區！炸死賠不起！」

一隻不安於室，怎麼都關不住、兇悍無比的小豬，成爲我們據點話題，也是焦點和樂趣。

雞蛋全部不見了！

爲了讓據點戰士們不寂寞，除了被分配的豬、交接的狗之外，我還去買下一隻母雞、兔子，由班長分配各兵飼養照顧，當然最資淺的新兵被分配養豬。

三個月過後，眼看著別的據點養的豬，吃飽睡、睡醒吃，又肥又胖、個性溫馴，爲什麼我們這隻流氓豬脾氣那麼壞？在疑惑不解的心情下，有天吃飽飯，我也不吭氣，等養豬的一兵阿國收好餿水，偷偷跟著，看他怎麼餵豬？

當阿國的腳步聲才接近，我們家的流氓豬已經豎起鬃毛，發出迎戰的嚎聲！只見阿國端著裝餿水的臉盆，朝向小豬一摔！先罵一聲，「幹」，再接著三字經，然後用台語吼出：「叫你呷你郭勿呷！ＸＸＸ！」

只見阿國一個箭步，提腳就踹！小豬在哀號中打翻食盆，又逃跑了！看到此景，我完全明白，我們小豬長不大的原因了！

阿國是三年特種兵，新兵訓練中心剛畢業當天晚上分派到我們連上，當晚搭船來到馬祖，跟我們進駐高登，註定二年回不了台灣，心情當然不好！和他一起分配來的張禎林，表現好，我已經送他到士官隊受訓，三個月後回來可升下士班長，而阿國頂多升個二兵。

幼齒新兵、身材略胖、戴黑框眼鏡，綽號「大粿」！怎麼辦？家書又少！部隊文化是大魚吃小魚，小魚吃蝦米，蝦米呢？只好吃泥巴！那我們的小兵阿國吃什麼呢？吃定他養的那頭豬！他把所有的怨氣出在那頭小豬身上，受虐豬的心情不好，也吃不下，只好逃亡吃自己！唉呀！豬爲什麼長不大？你說呢？

還有千辛萬苦買來一隻從小養大，寄託全據點人希望的母雞，到了發情期，還花錢請專人送到別的據點，請他們家公雞「臨幸」，集到十五個受精蛋，開始孵小雞，算算二十天後，小雞該出生了，誰知一大早，慌張的小兵衝進據點：「報告排長！報告排長！雞蛋不見了！全部不見了！」

「母雞呢？」「還在！」「衛哨兵！昨晚有發生什麼狀況？」

這是據點進駐以來，所發生最重大的事情，早餐桌上，大家七嘴八舌，仔細思索昨晚執勤時候，所有蛛絲馬跡？

抓到蛇宰殺加菜

只有凌晨十二～一時的前哨聽見隱約的雞叫聲，那十五顆即將變成希望的一窩蛋，全部憑空消失，毫無蹤影！怎麼查？

那隻青春母雞經過調養，我又投下成本，讓小兵每天抱著牠，去被「欺負」，這次我也注意到，將近二十天，月亮圓了、漲潮期，我命令雙哨衛兵，前方哨推進到雞舍上方、懸崖邊，提高警覺！夜間將近十二點，衛兵衝進來，「報告排長，雞叫了！雞在叫！」我提根棍子、拿出手電筒，衝到雞門外，才打開門，手電筒照見一隻昂首向我吐舌的大蛇！

我才舉起棍子，身邊二個小兵爭著喊道：「排長，我來！」兩人衝進去，一手掐往七寸蛇頭，另外一個人踋住蛇尾巴，好傢伙！一條三米長的「臭腥母」蛇，被我們活捉，塞進麻袋中，吊在據點口，第二天莒光日，由養雞的小兵用繩子綁住以遊街示眾的方式拖到連部，向其他據點展示我們的豐功偉績後，剝皮，宰殺，加菜！

這樣的一件事情，讓我們據點出了風頭，也談了許久。這就是外島寂寞、單調生活中的樂趣。

但是，你知道爲什麼高登島上唯一的一條路、一個港口，都只叫做大維港、大維路嗎？什麼又叫做「戰場經營」嗎？這是另一段故事。

chapter 3 政客掏空 何以言軍魂

所謂的「國軍」，早已淪為政治的橡皮擦，軍隊只為滿足民意！去做秀！秀！秀！因為不懂得國防！不懂建軍需要的是武德、忠誠的思想和無價的榮譽感，在這三者被掏空後，「軍人」變得什麼都不是了！
必須建構一支完全屬於自己可以控制，可以保國衛民，有思想，更精湛的國防武裝力量，讓我們能夠抬頭挺胸驕傲地說：這是我們的國軍！

國家安全局局慶，局本部「磐安籃球隊」在李天鐸（右二）當隊長帶領下，第一次打敗聯指部，贏得冠軍，接受國安局長汪敬煦先生（左）頒獎。

台灣的「假」國防？

國防不是單一軍中概念，不是飛機大砲武器的競較，也不是靠儀隊表演就能改變人心的作為！

台灣年度政軍兵推於四月十五、十六日兩天舉行，由國安會主導，包括馬總統、行政院長江宜樺等二十個單位，四百多人參與，進行跨部會應變訓練，依例，美方也會派員參加。

國安會特別表示，演習設定著眼於驗證政府運作機制，與國家實際政策並無關連。

軍人變得什麼都不是了！

看過以上報導，回想、對照過去一年中，軍中所有發生過的事情，你會發現，所謂的「國軍」早已淪爲政治的橡皮擦，軍隊在做的事只爲滿足民意，去做秀！秀！秀！因爲不懂得國防，不懂建軍需要的是武德、忠誠的思想和無價的榮譽感，在這三者被掏空後，「軍人」變得什麼都不是了！

我可以明白指出，台灣的國防始敗於李登輝，啓用聽話將領，用來鬥爭設定目標，分化系統機制，便於從中掌握，以民主口號摧毀軍中思想制度，然後軍中的中、高級官員開始打高爾夫交際，紅酒應酬，並汲汲經營所謂的黨政人脈，藍綠壓寶，前提是：只要你聽話，保證有官升。

到了陳水扁時代，更是風起雲湧，爲了加速汰換聽話將領，每年一次的將官晉升改成半年一升，上半年晉升才落定，下半年的假想競爭目標又出現了，所有靠得上的關係，想得出希望的人，無不使出混身解數，爲那顆「星」殺紅眼，黑函、八卦、曝媒，各種威脅下，養就一批既無膽識、毫無擔當，更別說國際觀的將領了，這些出頭者多半是「提包幫」隨從出身，懂得察言觀色、善體上意、不見風骨，但是絕對見風轉舵，汲汲營營於人際關係，經常聚會形成次勢力。

將領「氣節」被蝕空

所有那段時間的買官說，晉升反常，今天升將明天退伍，吃一輩子將官終身俸都無從追究！國軍將領的「氣節」被蝕空後，沒有尊嚴的軍人如何要求你的手下和你同生共死？

在這種氛圍下，馬英九根本無能率領，任高華杜統掌三軍，一趟也是爲馬英九舖陳的國外出差時，一個洪仲丘案件，打掉兩個國防部長，急急忙忙撤銷軍審、閹割軍法、取消法定軍公教年終慰助金，這些都是三軍統帥必須承擔的責任。當我們宣誓把生命、青春、生死交付給國家時，你這樣的統帥還能代表軍人嗎？這是從頭到尾的爛與假，國防？剩下什麼？難道國防只是軍人的事嗎？

再說個笑話吧！

大家都知道，花了八千多億的國防部新址，坐落在大直北安路五〇〇號，它的後方直通最神秘、最重要、最隱密的「衡山指揮所」。

想過我們真正需要的國防嗎？

爲了國防部進駐，那條毗鄰國防部北安路五〇一巷在做拓寬工程。

諸位看官，請你到北安路五〇一巷，背著衡山所由北往南看看，看見了什麼？

大直橋二十三米高的單臂懸掛，頂端二十四小時閃亮的飛航警示燈，筆直地指示出衡山指揮所入口所在方向、位置，二七〇〇米。每一架往來松山機場的航班，不需要座標，都可以知道，那是中華民國最重要的戰時核心中樞?!

國防！絕對不是單一軍中概念，不是飛機大砲武器的競較，也不是靠儀隊表演就能改變人心的作爲！

一枚戰斧、巡弋、精靈導引飛彈，在大直橋上紅色警示燈的指引下，直射「衡山指揮所」，我們袒胸露乳的國防就結束了！政客們！你們每天的爭鬥中有想過我們眞正需要國防嗎？

國防都不能自主，談什麼獨立？

如果連保護自己人民、國土、財產的國防，都在指望別國，台獨？肯定是假的！

前陣子，前民進黨主席蘇貞昌，沉不住氣，先拋出「國防政策白皮書」：八年八千億！潛艦國造！藉此提升周邊軍工工業發展！

為了此一令人啼笑皆非、所謂的「國防政策」，我與憲宏兄應香港鳳凰衛視邀請，上節目才知道，本案已經得到美國暗中支持，由日本變更政策，恢復、准許軍工工業外銷案後，幫助台灣製造非核子動力、防禦型柴油潛艦！

一代軍人追求獨立自主的國防

這就是民進黨私下見不得人，一廂情願、不長進的國防政策?!

試想：如果眞有戰事發生，就算你傾巢而出，十艘潛艦部署擺在花東太平洋好了！能產生什麼作用？更何況，國防建軍缺少思想軸心，人是空的，再精湛的武器也是空有其表，因此民進黨的國防政策是欺騙百姓不懂，國民黨的問題在於不敢面對問題，眞實現況是「軍人」成了唯一集體受害者，包括他們的眷屬。

坦白說一件從沒出現過的絕密：一九六八年，我因爲住家環境所在地點，認識當時在中山科學研究院工作的青壯年齡科學家，當時他們已經完成極機密「鈽彈」（比原子彈爆炸威力強大七倍）的製造了。

後來到一九八八年一月十二日，事隔二十年後出現張憲義叛逃事件，表面上我們受到極大的傷害，實質上我們心裡有數，該發生的事情，終於來到了！

事實上，一個獨立自主的國防一直是過去一代軍人的追求，就以海軍爲例，從一九七九年中美斷交起，到一九九八年底，在這二十年間，我海軍投入超過二千億台幣推動「忠義計畫」，光華一號、光華二號主力戰艦的造艦、購艦計畫，而後兩者成爲今天海軍的主戰兵力。

回顧那段歷史，從宋長志、鄒堅、林螯生、葉昌桐到雷學明、顧崇廉等海軍將領，無不前仆後繼地以「國艦國造」爲畢生職志，卻在民進黨執政後以說不清楚的「貪汙」將一干人等以極盡汙辱的方式，送上法院，雖然以後法院判決證明清白，但是以後就沒有以後了，還有誰願意爲這樣一個國家承擔？更別說拋頭顱灑熱血了！

想要炫耀什麼呢？

海軍的高潮過後是空軍的I．D．F．經國號戰鬥機，那是郝柏村任內引以爲傲的傑作，當時沒有多少人批評，和他發展「勇虎」戰車一樣，投資、周邊效益、發展？是否眞正符合我們現在和未來的需要嗎？還是聊勝於無的好大喜功呢？

其實，我們心裡都清楚。

那時候，我正在法國、巴黎，擔任國安局代表，有天，忽然接到國內「極機密、最速件」電文，要求我即洽法國「斯奈格馬」公司（全世界最有名的引擎、發動機生產公司），詢問他們研發完成的「飆風戰鬥機」引擎可否賣給我們？

我接到電文的直覺反應是：I．D．F．？I D'ont fly？飛不上去了？

一周後，法方的正式覆文給我：「每個型式的飛機、設計、結構、使用功能都不相同，我們目前設計產出的發動機、引擎是專門爲飆風戰鬥機設計的。如果貴國有意願，我們可以合作爲I．D．F．設計它所需要的引擎」。

當我把這樣的建議，和法國的說法報回國內時，他們又雞飛狗跳地去找另外一個引擎了。因爲，只要它飛上去，沒人知道是怎麼飛的？而好大喜功的馬屁成功，也滿足某些人驕傲的虛榮感吧！

話說潛艦，更是自欺欺人的假故事，都什麼年代了？還在發展不具威脅，只能自慰的柴油動力潛水艇！連建造潛艦的目標、功能、作用都不清楚的「鐵棺材」，想要炫耀什麼呢？

不要再拿軍人來做戲了！

一代潛艦？八千億預算？

八年建八艘？以後呢？

我們的東太平洋就高枕無憂了？

我們的後勤、補給系統？

人員、訓練、武器系統？

是在幫助日本人守住台灣海峽，原油運補的經濟線嗎？

這樣的沾沾自喜，難道沒有一絲羞恥感嗎？虧他還是個打橄欖球的！

我們也知道，在國際現勢中，我們的國家地位、發言、作用正不斷在減弱中，那正是因爲沒有全盤性具備戰略高度的國防策略，和實實在在獨立的建軍思想。這二十六年來三任總統爲了政治、操作選舉、迎合現實，短線操作所產生的惡果！

但是，請不要再拿軍人來做戲了！不管是以前或是以後，當國家眞正有「戰況」到來時，你眞寄望美國或日本會來解救我們嗎？如果連保護自己人民、國土、財產的國防，都在指望別國，台獨？肯定是假的！

徹底改變「國防兵力」的思維架構

建構一支完全屬於自己可以控制，可以保國衛民，有思想，更精湛的國防武裝力量。

當：空軍買不到飛機？

當：海軍買不到軍艦？

當：陸軍募集不到兵的時候？

我們到底需要怎樣的一個「國防」來保衛自己？

五個面向，思考建軍

我們擁有這麼重要、絕佳的國際戰略位置，卻要做乞憐式冤大頭的國防採購？而糟蹋我們抱著理想從軍的青年？

當整個「戰爭型態、戰鬥生態」已經全然改變時！我們還在想著傳統大國的陸、海、空大軍閥思想嗎？

我們的國家、人口、經濟結構、兩岸關係已經變化到今天的地位上，我們能否從自主、需求、未來的角度思考？擺脫美國、日本的影響？建構一支完全屬於自己可以控制，可以保國衛民，有思想，更精湛的國防武裝力量，讓我們能夠抬頭挺胸驕傲地說：這是我們的國軍！

我提出以下五個思考面向：

一、軍工結合的電子優勢

不論在研發、生產上，台灣擁有全世界最強大的電子製造業。現代的「電子、訊息、網絡」作戰，已經發展到四度空間、全境控制變轉的境界。

未來戰爭的型態：從網軍領銜，大規模入侵、介入、情報資料、靜態部署、動態掌握到戰時指揮系統的控制，這是未來「戰爭型態的中樞神經戰」優勢取決，勝負？早就定在看不見的電子作戰上。

我們台灣的電子、雲端、觸控，是全世界行業中的佼佼者，如何以國防研發角度，整合業界研發平台，這個「國防電子訊息作戰部」的員工，不需要跑五〇〇〇公尺，不需要立正稍息，不需要舞刀弄槍、檢查內務。他們可以從事包括電子遊戲業在內的軍工整合，掌控自己的命運於未來，這是我們電子發展最大的優勢，再結合衛星將可以整合出未來六度空間的立體戰略。

二、飛彈、無人飛行器自主發展

我們中科院在飛彈火箭的研發生產上已經有相當程度的實力，再結合無人飛機、電子導引，既能節省成本，又能嚇阻境外攻擊，用一波波短、中、長程火箭、飛彈在衛星、電子指揮導引下，做出完全保衛嚇阻的國防建構。

三、一支一萬兩千人的特種精銳打擊部隊

以突擊、特遣、反恐、快速反應整合訓練成一支，涵括陸、海、空、特戰於一體的快速反應打擊部隊，每支部隊維持在一千五百～二千人左右，以二十一～三十歲八年完全服役方式做爲軍中主力。

北部：陸軍特種部隊，以反恐、反劫持，打擊爲主。

中部：空中機動特種作戰部隊，以直升機快速、機動、打擊、支援作戰型態爲主。

南部：海中特種作戰部隊，以水中爆破、深海佈雷、近海突擊作戰爲主。

一個作戰指揮部、一個訓練中心、一個後勤、保養、供應中心、一支機動預備隊。以最嚴格的選訓設備，最佳待遇、退輔制度構成主要軍力。

四、積極有效的後備動員體系

以北、中、南、東四大區塊劃分，做完整、獨立的戰區、防衛、動員、組訓系統，平時解決救災突發狀況，戰時保家衛國。

五、大破大立的國防思維

五之一：精省龐大的國防預算。

凍結現有預算，算出退輔支應需求。釋出大批軍事用地，以土地資源變籌退輔所需款項。

五之二：節省龐大年輕人青春資源。

年輕人可以不再煩惱當兵，不須中斷青春夢想計畫，增加社會動力。

五之三：立法保障建構一支不受請託干擾，不受政黨干涉，完全忠於國家、人民，專業、高素質、有理念、自主、獨立，驍勇善戰的國軍。

讓我們的國防眞正落實在自主獨立國家的需求上。

駐美軍事代表團有什麼問題？

駐美軍事代表團團長的忠誠儀測未通過，顯示內部紊亂無治的嚴重性，更是國軍問題的縮影。

在國防部派遣所有駐外單位中，駐美代表團是首選，就如同外交部、國安局、各部會，將單位首長最信任的菁英派在華府，是同樣道理。但偏偏國防部就會出事！兩個問題：

一、駐美軍事代表團長，五年換了四個人，為什麼？

二、任滿兩年的團長，黎賢聖在年度「忠誠儀測」中，未能通過；之後，同樣問題連續三次均未能通過測驗而遭到調回，原因何在？

國防部已被邊緣化

民國九十六年，國防部將在美國華府原有的兩個組，軍協組和採購組併編：一、軍協組，全名是軍事協調組，隸屬國防部聯二情報次長室，主要任務是蒐集、交換維繫雙邊軍事、情報、合作任務。二、採購組，全名是軍事採購組，隸屬國防部軍備局，主要任務為蒐集、採購、軍事需要之裝備、武器和資訊。

國防部將上述兩單位合併為「軍事代表團」，從此「國防部駐美軍事採購團」的名稱正式走入歷史。以往駐美採購團團長職務，多半由軍方掌權者派出親信擔任，以一條鞭的方式管理，任何問題直達權力中心，在內控上鮮少出現問題，卻在黑箱作業中，產生不少鮮為人知的問題？何況以時代背景來說，當時的「出國」是件多麼不容易的事！除非關係頂天，否則語文條件、忠誠、能力都必須是一時之選！若不具備以上背景，哪可能輪到你！

在歷經政黨輪替後，從軍事代表團的併編、隸屬、位階都可以看出在國防政策、與美國關係上，國防部已經完全被邊緣化了。

一、團長由戰略規劃司派任。按照國防部慣例，首任團長由戰規司產生，爾後除非首長有交代，否則非戰規司出身者，不得擔任此一職務。

二、副團長由軍備局派任。顯示今後駐美軍事代表團，軍品、裝備、採購、獲得，是其主要工作任務。

三、下設採購及軍協兩個組長。由此顯示原本就不受重視的聯二情報蒐集、交換、合作任務已淪爲可有可無、酬庸、聊備一格的地位。

外派意味著軍旅生涯的終點

以上建置還牽涉到陸、海、空軍，哪個軍種誰當家掌權，以及國防預算優先分配的問題，原來的三頭馬車，加上三軍武官各爲其主，團長的位階權力都不比從前，三頭馬車六個方向，到底誰聽誰的？從團長任期兩年，就看出當初規劃時的短視與對國際工作派遣的無知！所以五年換四任團長？一點不令人詫異！

情報這區塊是隱性、專業，需要長期培養經營的工作，以往只鎖定以中國大陸爲主對象的情報工作，從來沒想過以國防、軍事經驗從國際交流合作中來充實對中共的壓力和優勢，當然軍方長期依賴，受美國主導也是主要原因，所以國防部在武官派任上完全依「慣例」將外派淪爲「酬庸」，很少思考在國際局勢的轉變中，從這個國家經濟成長實力，在國際戰略、地緣關係上有什麼是能夠在未來發展中互補的？只依舊例，新加坡是空軍的，韓國是海軍的，泰國是陸軍的⋯，以上是第一個問題：慣例，酬庸。

第二個問題是語文能力不受重視，經歷無用。在軍中，你若常常在讀外文，表示你心不在軍中，崇洋、怕苦的閒言冷語就會影響你的考績、升遷，這是為什麼有外語能力，又具備國際觀的將領不多，而且發展有限！所以外派也意味著軍旅生涯的終點。

不知為誰為何而戰

國防、建軍，從以前的反共抗俄到保衛台、澎、金馬，到沒有思想、論述、靈魂，不知爲誰？爲何而戰的國軍，駐美代表團內亂的情形，正是國軍內部問題的縮影。當國防部不再是國家的依賴、人民信任的託付，反而被淪爲笑柄時，誰的責任？

黎賢聖的忠誠儀測未過，始於羅賢哲案，軍人最重要的品格是忠誠，在前述駐外武官沒有前途、不受重視下，兩岸關係近年隨著經濟翻轉、國力強弱，情報戰場上攻守易位。羅賢哲案後，所有外派人員定期接受忠誠儀測，黎賢聖於民國一〇〇年十二月接任駐美代表團長，上任前通過儀測，任滿一年，返國儀測合格，爲了新任團長楊大偉人資未滿，黎被延任半年（制度？人事？）在做儀測時未能通過，三個儀測單位：國防部、調查局、國安局，分別在不同的時間，以一定的範疇，設計不同的問法，卻在同一問題「是否與不當人士接觸」上無法通過，這裡面有多少令人想像的空間？

我問過做儀測的專家，以他們的經驗，透過時間考驗，相信問題是存在的。那麼整個問題的責任歸屬要怎麼檢討呢？

國民黨在軍中的組織控制

組織官是負責國民黨在軍中運作、發展，監督從政同志、貫徹黨的政策和任務執行的關鍵者。

話說回來，我在二五七師的第四個職務，是師部政一科組織官，少校缺，應該是師長也搞不清楚，當個「閒差」看，交接給我的學長也說：「輕鬆的很！每個月開四個會就好。」

從未見過的上級長官

但是當我把檔案、文件、職掌弄清楚後，吸了一口氣，原來這個組織官是負責國民黨在軍中運作、發展，管理黨員進出、監督從政同志、貫徹黨的政策和任務執行的關鍵者。

我的公文除了科長、主任蓋章外，就以「林千城辦公室」之名，直接報到「王師凱辦公室」，那個我們從來沒有見到過的上級長官。

從當時的九月一日到翌年一月底離開二五七師那四個月，算是我這一生中唯一爲國民黨直接工作而不自覺的時刻，因爲我始終認爲：軍人要效忠的是國家，不是哪個黨。

我的四個會議，分配在每個月的四周上：

第一周第一個會議：師部政策小組會。參加人員：師長、二位副師長、師主任、參謀長、組織官。會中由我宣達重要人事命令、政策指示、上次會議上級裁定事項、檢討本月本師重大事件處置情況。

第二周第二個會議：簽署師長參加督導連級黨小組會議。由於我對全師各連隊、基層特性的瞭解，所以會以有問題的單位爲目標，簽署師長擔任上級指導員，以落實基層組織工作。

懂得運作就可掌握師裡一舉一動

我前面說過，連師長也搞不清楚這個沒什麼了不起職務的原因，就是被我發現的，因爲：第一次陪他出席小組會議，他當主席，要他背誦「國父遺囑」時，他坑坑巴巴，居然背不出來！上級指導員講評時候，更是辭不達意、語無倫次。我這才發現，眞不知道這傢伙以前是怎麼混的？而且還混到了少將！

第三周第三個會議：督導營級區分部會議。

我們輕裝師有七個營，五個步兵營、一個砲兵營和支援營，每個月指定，輪流由師長出席擔任上級指導員。

第四周第四個會議：林干城黨員代表大會，也就是區黨部會議。所有從政黨員、黨代表一律參加，不得請假！

現在回想起來，當時的我還是年輕不懂事，以我掌管的四個會議在每個月的四周上，建立一個循環，如果我懂得操控、運作，我可以完全掌握這師裡的一舉一動。但是多數人在他從事這個工作時，既不明白其中涵義、重要性，也不瞭解運作方法，從其中找出問題，而終流於形式以致失去他應有的力量，這才是問題。

國民黨失敗從軍中開始

如果現在從這一點來回想，國民黨在台灣的失敗，應該是從軍中開始，這個你控制最嚴格、最保險的地方，你都無法把：思想、理論，黨與個人的關係，黨、國存在的意義、理由論述清楚，把幹部思想教育訓練扎實，而只是以威權、家父長制的做法，往下灌注、要求，以致走向式微、退出，甚至連轉型的空間都找不到？

這才是最大的危機與問題。

張義這個師長上台，不到四個月，記了我二大過二小過（累積），我請他再記一個小過，滿三大過，我就可以不幹了，他又不敢⋯。

殺警案之後

這是地雷區也是升官、獎勵最快的地方，包括檯面下收到的錢，是個黑金庫也是火藥庫。

九月十二日，信義分局殺警案發生之後，所有新聞焦點圍繞：黑道、幫派、白道、警察、風紀、收賄、夜店、毒品…。

形形色色、見樹不見林的討論，眞正問題在哪裡？

台灣擁有八萬警察大軍加上眷屬，他們現在和未來所必須面對的問題，誰來解決？如何解決？

兩股勢力暗自較勁

警察回歸專業，是在李登輝任內拔擢莊亨岱爲第一任署長，之後的盧毓鈞、顏世錫、謝銀黨、侯友宜到王卓鈞，誰是眞正的警察？誰爲警察做過什麼？有過貢獻？稍微熟悉警界生態的人，沒有不知道的。

關鍵在於由軍方署長交給警察當時，轉換太迅速，李登輝只是爲了打破情治單位一元化系統，以官職換取對李個人的效忠。

警察回歸專業，是他的第一步，素有「莊口袋」綽號的署長成就他的分割夢，也埋下今天警政工作，業務辦案手法，刑事系統獨大。眞正那麼多規矩、守法默默耕耘正直者無法出頭，出了問題卻無處著力的窘境。

話說兩蔣時代，警政署長從羅揚鞭到周菊村、孔令晟、何恩廷、羅張，多半以當過海軍陸戰隊司令之後才接任警政署長職務，這其中反映領導者的思維：對警察要求絕對服從，嚴飭風紀！原因在於早期台灣的警察制度幾乎完全沿襲日本留下的習慣。

國民黨來台後，將劉安琪自山東帶來的青年軍當中，無法適應軍中的部屬轉當警察，形成警政署中高層級幹部，除了少數由官邸系統轉任的江浙人外，多半是山東人天下。

但是兩股完全不同作風的警察，並未整合，也算是地雷之一。

這其中最可惜，具備改革理想、魄力的軍方將領是孔令晟，他在侍衛長任內，創立

「聯合警衛安全指揮部」統籌所有特勤、侍衛工作，以內、中、外三個警衛區域，完成對元首的特別警衛任務，落實於無形、萬全的境界。

警政改革無影無蹤

孔先生出任警政署長後，將大批年輕、優秀警官安排到外語學校受訓後，派赴美國深造。

他計畫在都會區，撤銷派出所，集中優勢警力，機動打擊犯罪行動。並藉此打破員警與地方勢力、色情、黑道相互依存的關係，此一計畫如果落實，不僅斷掉警察收受賄賂的路，地方民代、黑道、色情所連結形成共生的相互勢力將從此瓦解。

但是那些舊勢力也不是省油的燈，趁著經國先生下鄉之際，安排民眾攔路陳情，訴說派出所撤銷後，種種不便和憂心、耽心，並透過媒體擴大渲染，導致孔先生黯然下台，出使高棉，更讓軍中失去一位傑出優秀的將領！

警政改革？消失的無影無蹤，從此再也無人敢碰這個大染缸了。

披掛著警官勛章大禮服的莊亨岱，除了以忠心回報李登輝的恩情外，他爲警察做了什麼？

一、從此，看上不看下的風氣養成，閒暇兼變魔術玩把戲。

二、籠絡媒體，案發隨行後選擇性的獨家採訪、報導，限期破案形成轟動等手法來形塑警察。

三、獨大刑事系統，造成今日無人無法收拾，又不得不由警界共同吞下的毒果，原因有三：

A、以辦案爲名：包括獎金，明的預算，一枝獨秀。在「清廉標榜的政府中」，那個主管的經費若無刑事預算支援，誰撐得下去？

B、以辦案之名：刑事系統擁有最先進、關鍵的「監聽設備」，加上龐大的支援人力，當國安監聽、軍方被法令馴服後，除了調查局，在情報資訊的取得上，誰能夠和警方刑事監聽更師出有名？但是，槓上開花、政治八卦、醜聞！怎麼會有那麼多啊？

C、以養案爲名：刑責區內的毒、賭、黑、色，除了管區外，誰都知道！

這是地雷區也是升官、獎勵、出頭最快區，一線之隔，包括檯面下收到的錢，是個黑金庫也是火藥庫，誰敢不重視他？誰又能不依賴他？

你相信破案了嗎？

以前，警察在轄區所有作爲，是有忌諱的，除了媒體外，還有高素質有正義感的調查局，能夠完全掌握地方情況、生態和問題，一個陳水扁，一個葉盛茂再加上馬英九，完蛋了！

誰都知道，王卓鈞是極少數在府內陪馬英九吃飯聊天的人。

調查局長？你是誰啊？

警察風紀？問題？是誰說了算？

一個信義分局殺警案？

警、檢、廉政聯手，媒體、名嘴、電視台浩浩蕩蕩助勢！

已經二周了！你看得懂嗎？

即便破了案！你會相信嗎？

侍衛長暴露出軍方的危機

如何讓這樣一位「品德、誠實、操守、紀律」都出問題，那麼不負責任的軍官，一路怎麼考核，讓他升到少將？

八月分出任總統侍衛長的海軍少將霍立青，剛才任滿四個月即遭撤換，創下前所未有侍衛長最短任期的紀錄。

讓圈內人看見長期以來，軍方螺絲生鏽最嚴重的警訊！

「侍衛長」在陸、海、空三軍輪替甄選擔任的過程中，代表軍種榮譽、保證升遷、前途無量，是所有軍人矚目的焦點。

蹺班曠職無關痛癢？

這個從來沒人敢有絲毫犯錯的職位出現問題？首先讓人質疑的是，軍中的「考核制度」是否出現了問題？

負責推薦的軍種、長官，是如何讓這樣一位「品德、誠實、操守、紀律」都出問題，那麼不負責任的軍官，一路怎麼考核，會讓他升到少將？還晉占如此重要的「中將」缺？這其中凸顯的問題是多麼嚴重呵！

綜合媒體披露，霍立青被撤換的原因有以下三個方向：

一、**蹺班三次，即總統還沒有下班，侍衛長開小差，先溜了！**

當可愛的記者以這種問題問起時，我笑著回答：「這是洪仲丘案後遺症！」因為軍法被廢撤後，以前的「逃亡、擅離職守」，軍法中的重罪，在民、刑法中只能以「蹺班、曠職」無關痛癢的處理，對百姓來說，這算什麼？有那麼嚴重嗎?!但是想想：如果侍衛長可以擅離職守，那侍衛、衛士怎麼辦？如果侍衛長蹺班期間，總統人身、警衛安全發生問題，這個責任由誰來負？

所以，我的答案是：一次都不行，更別說三次！立即撤職！

二、**私人生活有爭議、人際交往複雜、與異性友人互動密切**。

這三項浮出檯面的問題，絕對不會是四個月之內的事情，其背後暴露最嚴重的是：考核、制度與誰推薦此君？連帶責任的問題。軍方所揭露的三句話，涉及「品德、操守、誠實、紀律」四大問題，對於任何一位軍官，其中任何一項出現瑕疵都將影響軍中前途！而今三項齊備，四大軍人基本特質全部出現問題的人，可以從少尉升到少將，占中將缺?!

這種人還配當軍人嗎？

我們要問的是：

他到底是在哪個職務？什麼階級？什麼時候？開始發生問題的。爲什麼？他當時的長官是誰？怎麼教的？怎麼學的？誰做的考核？

最後，是誰推薦他當侍衛長的？難道不要負連帶責任？

國防部長豈可用「震怒」兩字掩蓋責任追究，考核不實之事？

如果不追究，本人可在此宣告：

有這樣一個既不嚴又不明的部長，國軍不必奢談募兵制、建軍說，直接關門就可以了！

三、洩密。

有一未經證實的說法：侍衛長洩露總統與夫人之間，私密對話內容！

這也是撤銷軍法審判的後遺症，洩密！嚴重者立刻撤職法辦。但是如果民法處理：可能是總統與家人之間談話，那有什麼機密等級可言？再追究才會變成笑話！

我不知道讓總統變成爲笑話有什麼罪？但是「如果總統與夫人之間私下的對話」，是由侍衛長口中傳出來的話，這難道不是最嚴重的問題嗎？

我要問的是：

這種人還配當軍人嗎？

這是海軍訓練出身的軍官嗎？

海軍，又怎麼了?!

三軍統帥的能力也遭質疑！

當個侍衛長，不明瞭本身職責所在？這是個何等榮譽、地位崇高、嚴謹到分秒不能出錯，謹慎到每一個動作、對話、進出，反反覆覆一再演練的地步！

是因爲你的一言一行，同時也被下屬、同僚，如同總統般被盯視著，而你卻可以大意、疏失、不在乎，膽大妄爲到如此？

這個軍人還能占到中將職缺？

他令所有軍人蒙羞！

見微知著，如今國防部長不僅沒有追究責任，更離譜的是新任侍衛長，以現職中將，高階低用派任！還是海軍！

這讓我想起前任駐美國軍事團長，交接時，也是爲了接任的海軍補足經歷，讓前任團長接受測謊，三次不過，鬧得全國沸沸揚揚，最後又沒事了！也是海軍？常常可以打破規矩，卻常常出現大問題，原因何在？

如果這個出現問題的侍衛長，一定仍然要由海軍選出，放眼望出，海軍連一個可以用的少將都選不出來？

我更想問的是：

「國軍」你怎麼了？

由這件事情處理的經過來看，三軍統帥的能力也遭質疑！

為什麼要「戰場經營」？

這就是戰場上所謂的「地利」，利用地勢所形成的防禦優勢，除了空優、海優之外，絕對的兵力比是一：七。

我們在第一時間從馬祖、北竿，抵達高登島，營長集合所有據點指揮官訓話時，要我們有「戰場經營」概念！

當時只聽過「經營事業」、「生涯規劃」、「職場學習」……。

在這麼一個二·七平方公里雞不拉屎、鳥不生蛋的鬼地方？

一個人抵擋七個來犯敵軍

「戰場」有什麼好經營的？經營什麼？怎麼叫經營？

我們年輕的幹部、每個人都有滿滿的疑惑，卻不敢問，也問不出口？隨著對據點、防務、地形、人事熟悉，度過第一階段最艱澀日子後，我腦海中疑惑和實務有了聯結。

島上唯一的一個港叫做「大維港」，為什麼？

一個只能容下一艘登陸艇，海軍陸戰隊搶灘用的ＬＳＤ，那麼小小，連港口、碼頭都稱不上的泊艇地方，只因為有個水泥做的邊靠、斜斜三〇公尺卵石的小灘，有個海溝，形成縱深，能夠容許一艘登陸艇進來，而且要倒俥出去的地方，被大家稱為「大維港」，為什麼？

全島也只有這麼一個地方，儘管面對著中共的北茭半島、黃歧，完全籠罩暴露在敵人砲火之中，不符合戰場條件，但是呢？這是唯一可以，只能一艘漁船或登陸艇接觸到岸的地方，其他？全是懸崖峭壁！

這就是戰場上所謂的「地利」，利用地勢所形成的防禦優勢，海島防禦作戰，除了空優、海優之外，絕對的兵力比是一：七，也就是說占據優勢地形的防衛作戰，換算成「火力比」：一個人防守，可以抵擋、擋住七個來犯敵軍！

除了大維港外，島上唯一一條，曲曲折折的戰備道路，叫做「大維路」，又為什麼？

所謂戰備道路，當過軍人的都曉得，稱不上水泥路，沒有柏油舖設，為因應戰場需要修築出來：兩條因應四分之一吉普車，四分之三載水車，以其寬度用水泥舖成，中間累上鵝卵石形成的道路，那輛吉普車只有指揮官，營長級以上大官，和緊急狀況時才能使用的，就這麼一條路，爲什麼也叫做「大維路」呢？

俞大維坐鎮前線指揮

在我熟悉防務，做據點整備、清理工作時，從據點開始，沿著壕溝、散兵坑、機槍陣地、交通道、通信溝，從荒煙蔓草，前人遺留，未曾清楚交接的自衛戰鬥陣地，逐一將實境呈現時，才瞭解，原來這才是「戰場經營」的重點！

在我們關閉陣地之後，如果發現狀況可以開槍射擊，萬一敵軍登陸，進入自衛戰鬥時，我們據點之間利用坑道、散兵坑、引道，可以相互支援結成作戰體的！可是沒有一個長官確確實實地告訴我們，戰場經營的重點在哪裡？原因和做法？爲什麼？怎麼做？

那麼，爲什麼一個小小、只有一條路、一個叫做港的小靠口，要叫做大維路？大維港呢？

最終的答案是什麼？在據點、碉堡的主體附屬設備中找到答案！

高登島上主要據點，幾乎在構建同時，附屬設備包括「機電間、儲水槽」，三十五匹馬力的柴油發電機，在據點水泥工事中，配線插座俱全，早在一九五四～一九六〇年代，兩岸對峙最嚴峻的戰爭邊緣期，俞大維先生擔任國防部長，只要一有狀況發生，他都親臨最危險的最前線，從槍林彈雨中，在指揮所觀察對岸共軍的砲擊序列、砲火威力，和戰場需求，據此向美方提出支援需求！

當全國軍最大、最重要的國防部長親自駐守在最前線，和我們同生共死時，這份戰場、生死存亡激勵下的心理學，爲了國家、誰會怕死呀?!

在戰砲隆隆中，部長又來了！而且不止一次！只有他最瞭解，由於他的駐點，曾經爲這艱苦的小島向美國爭取到美式防寒大衣、據點用的火力發電機！之後呢？

之後呢？整整二〇年，我是一九七四年派到高登島的，在幽黑、潮濕、陰暗的牆角、壁溝中找到殘毀的滄桑遺跡。

之後我讀俞大維傳記才知道，他是享譽國際的彈道專家、文人國防部長，在兩岸交火最激烈的時刻，他在最危險的最前線「坐鎮指揮」，以行動昭示：部長在！和你們同生共死的決心！

時代舞台劇一幕接一幕

而再怎麼困難的運補，鳥不生蛋的小屁島，也因爲「部長在」而有源源不斷的補給資源，包括電力、食物、供水！那之後呢？

後來的大官只會說慰問，頂多蜻蜓點水似、或以過節慰問，美其名勞軍方式，帶幾個藝工隊，發個加菜金，屁股沒有坐熱就跑了！而且不忘記叫我們要做「戰場經營」！

可是在那島上，我們只記得懷念大維港！大維路呵！

「戰場心理學」，其實是記事！

那個年代，發生在兩岸，發生在中華民族！

中國國民黨和中國共產黨，兩黨兩國，根本是系出同源！

兩個劃時代的偉大人物：毛澤東和蔣中正，在時代舞台上演出一齣舞台劇，沒有換景！一幕接著一幕⋯。

在無從選擇的台灣，在我的青春歲月中接下父親的棒子，承繼什麼？洪流中，那個仍然存在的小島，有我轉變中的青春記憶！對照現實發展中的兩岸關係？

對於文章中的記載，能夠沒有感慨嗎？

謝謝李蒨蓉！

如今我們的軍人地位、形象，淪落到人人皆可喊打，任意被人踐踏的地步。

好一個諷刺的名字：「龍城營區」？

「但使龍城飛將在 不教胡馬度陰山」

這是盛唐詩人王昌齡作品《出塞》，兩句詩文千古傳誦，龍城飛將指的是西漢名將李廣，豪氣如北斗，直上雲霄，以生命捍衛疆域。

白目藝人掀鍋蓋

一個擁有當代最先進阿帕契戰鬥直升機，號稱天下第一旅——陸軍航特部六〇一旅，栽在阿帕契觀光導遊團，一個白目藝人臉書上！

一遍YA! YA! YA！翹腳！敬禮！

李倩蓉的經典白目中，如同直升機：直起、直落、直中勞乃成中校！斷軍中路，丟戰士魂！

陸軍航特部成了軍中老鼠！牠拚命往前逃跑，汙穢物卻如西方結婚禮車後面拉的一串鐵罐，叮叮噹噹，抖出所有不堪的垃圾！丟盡軍人顏面！

勞乃成在休假時，帶著六輛轎車，二十六人，浩浩蕩蕩，僅由一人辦理會客登記，直闖阿帕契機棚！

二十六名中外人士，大大小小度過他們最風光、最特權、最有意義的「青年節」！

因爲如李白目所說：「這沒有什麼了不起！他們還鋪了紅色地毯，讓我們登機！拍照！留念！」

這是軍事營區嗎？這是指揮部嗎？這是陸軍最重要的：特種航空作戰指揮部嗎？

這是號稱天下第一旅？如果他被殲滅，台北首都就淪陷！這是最先進重要的國軍部隊嗎？

萬一台灣發生任何緊急狀況，必須在第一時間，載運武裝部隊馳抵現場做即時處理的高度警戒、機動打擊部隊。

是否因爲如此就不需要任何內部管理和教育訓練？保防警覺？基本軍人紀律呢？一支擁有最先進裝備的戰鬥部隊，荒唐至此！叫我們這些每一個當過軍人的男男女女，眞只能用「無地自容」來形容心中的羞愧！

只怕洪仲丘案翻版

翻開航特部對勞乃成中校，第一次處分紀錄：

未按規定辦理會客手續，記申誡一次。

違反資安、保密規定，記申誡二次。

三支申誡分成二次記？連一個小過紀錄都捨不得加在這位種子教官、領隊頭上，可見勞在航特部隊中之耀眼所受到的重視！和沒有出事前，以他的飛行紀錄，優秀反應，雖然在營區內按階級序只排七、八名，但論前途未來卻是一片看好的現實下，那種官官相護、死不悔改的陋習，隨著三支申誡展露無疑！

從李蒨蓉的白目照曝光，媒體一天一爆。網路、平面、電視、談話性節目，從總統到藝人，從洩密到國安，從中美關係到阿帕契Party，驚到陸軍司令部即開虎頭鍘。國防部、陸軍司令部、桃園地檢署一窩蜂推進，調查龍城營區「阿帕契觀光團導遊節目內容」！陸軍司令部更是將臉書當成翻書，祭出軍令，懲處五名將校軍官，一名送法辦，二名記大過調離現職，二名記過二次，連同中將指揮官也被記過一次！

從三支申誡跳到二大過二小過，一記過，從一人被申誡跳到五名將校一齊被連坐處分，這就是軍中事可大可小，可辦可不辦，最無情無知，只爲應付，不知如何面對如同洪水猛獸的媒體時，完全忘記如何善盡長官職責，也不考慮整體形象觀感，只怕洪仲丘案再翻版的醜陋心態！

一位國軍楷模的不平待遇

我之所以如此感慨，是因爲陸軍航特部並非第一次出此大事。民國七十二年李大維駕機從花蓮叛逃大陸時，一遍腥風血雨的追查連坐。我們當時最引以爲傲的小學同學巫滬生中校，已經四次因戰功榮獲「國軍楷模」紀錄。因爲他擔任陸航中隊長，駐地在歸仁，其轄下四個小隊分散在花蓮、台中、台北、台南四地。一個李大維叛逃，中隊長被記大過，勒令退伍！當時連終身俸沒有不說，還不准他到民航擔任駕駛。

我在新店的街上遇見他，爲了生活，一個國軍優秀飛官不得不在貨運行當搬運工！以往那麼輝煌的紀錄完全化爲烏有。他說：「天鐸，怎麼辦？我飛行十五年，因爲喜愛飛行也只會飛行，天知道他在花蓮那麼遠會發生這種事。」

後來因爲我在安全局工作，爲了此事寫了份報告給當時的局長汪敬煦先生，在他的協助下，巫滬生通過民航局航空駕駛考試，在民航公司擔任駕駛，到去年才退休。

我寫這段往事是有感於軍中問題層出不窮，實在和軍人本身的職能修養、教育訓練、國家體制有關係。訓練、培養一個軍人要花費多少時間、金錢、心血，每個階層軍官都負有教育責任，那是至高的榮譽和責任。如今我們的軍人地位、形象，淪落到人人皆可喊打，任意被人踐踏的地步，而作爲三軍統帥的馬總統有時間去慈湖謁靈，卻沒有時間去關心就在隔壁的龍城營區，實際、眞實地瞭解、關心一下？不知道他還關心什麼？看來這個國家上上下下都已經爛透了！

統帥的態度，決定怎樣的國軍

國軍軍風敗壞，買官、賣官甚囂塵上，馬總統上任，誓言「徹查到底」！結果呢？不了了之！

一個勞乃成中校，阿帕契觀光團案。

馬英九總統以嚴查重懲手段，核定參謀總長、陸軍司令，二位上將記過的處分命令。同時要求國軍要「誠懇檢討與調查」。

這是國軍有史以來，破天荒的第一遭：掌管軍令的參謀總長因爲「軍紀渙散」記過一次。

難道懲處是整飭軍紀唯一手段？

同爲上將的陸軍司令，甚至在眞相、責任尚未釐清確定之前懲處？（因爲三軍統帥要求國軍要誠懇檢討與調查），這是否說明了調查尚未完成？在這種情況下，陸軍上將司令遭到前所未有的處分：記過二次！這是三軍統帥整飭軍紀唯一的手段?!

以我的觀點，這根本不是整飭軍紀，這只是怕事件擴大，蒙蓋式，最蹩腳打自己小孩給別人看的手法！實在令人傷心！總統啊，你可知道當你把全軍二十九顆星星，召進總統府，展現統帥雄風的同時，全體現役軍人、眷屬和我們退除役官兵、眷屬，一同度過一個蒙羞的日子，總統你知道嗎？

一個中校副隊長違紀，第一個該被追究責任的是他的上校隊長，他平時有教育、管理、考核、輔導勞乃成嗎？否則他怎麼會升到中校？而且是負責保防的資安官？

勞乃成的中隊隸屬六〇一旅，少將旅長是直屬長官，爲什麼他平常沒有注意到他的下屬中有這麼一位優秀、愛玩、有背景、也有能力、前途的軍官嗎？

第三個最該負責的人是陸軍航特部的中將指揮官，整個營區的管理鬆散，下官凌駕上司，缺乏保密警覺，三查五檢不落實，到事件發生後，仍然找不出原因，想不到對策？這樣的下屬管理全國最先進的裝備，叫長官怎麼安心？有信心？

以上是最嚴重的三級連坐處分單位。結果呢？

陸軍司令部上將司令，兩手一攤。

陸軍上將參謀總長，毫不吭氣？（才從陸軍司令升上來）

由海軍上將擔任的國防部長，每天被總統電話逼得如熱鍋螞蟻，千絲萬縷還搞不清楚怎麼回事的時候，總統親自出手了。

沒規定不可帶狗進營區？

「七個上將、四個中將，二十九顆星星，通通給我入府來。」

喝！好大一個官威啊！馬總統創下中華民國有史以來，總統於同一時間召見將領最多的紀錄！

原因：軍紀渙散。

方法：連坐七級通通處分！看你們以後還敢不敢？

從馬英九核定高階懲處後的第二天，國防部長浩浩蕩蕩率領國防官員到立法院外交國防委員會備詢，在這時候我們才看懂國防部對處理本案關注的重點，以及軍中結構性問題、事件發生的主要原因。

國防部由副參謀總長蒲澤春及總督察長陳添勝兩位中將負責調查本案，他們關注的重點：頭盔不插電，有沒有洩密？爲此多次與美方開會、查詢，希望美方能夠說明，甚或證明沒有洩密問題。

但是儘管兩位中將和國防部長多麼努力解說，總督察長答詢時一句話：「沒帶感測器出去，頭盔只有台幣一萬八千元，很便宜，很便宜！」

總督察長以一句「很便宜」三個字，試圖淡化頭盔被帶出營區、違記，沒有那麼嚴重的罪惡感，讓所有人感到不可思議！

一個堂堂中將會講出如此不合場域的發言?!

在國會殿堂，同時間陸軍少將參謀長郝以知在回答黃偉哲委員質詢：「狗可不可以帶進營區？」爆出一句：「沒有規定，不可以帶狗進營區！」

民粹式治理軍隊

這種類似油腔滑調，令人氣結的答詢，代表軍中將官學術、教養、軍人形象的發言「態度」，眞正說明、點出：爲什麼？何以軍中風紀墮落至此的眞實原因，更別說擔當了！

高階將領的態度影響風氣敗壞，其實是其來有自的。

話說：蔣仲苓在經國先生時代，以通信官科在訓練中心擔任指揮官時，以同鄉背景，在經國先生點名識知後，在軍中一路拔擢到陸軍總司令職務。更在李登輝時代擔任國防部長，李藉著蔣在陸軍、劉在海軍的力量，逐一平衡、除去郝在軍中的影響力。

蔣爲回報李的重用，在後期用最迅速的時間、方法，找回他在師長任內的台籍營長，湯耀明先生，從瀕退休的大學主任教官，拉回軍中，送戰院，從師長、軍長、軍團司令、陸軍總司令，升到軍方接班人的地位。

湯先生治軍？以不信任其他、言語刻薄、不管專業、只爲上級著稱，從特業軍種工兵、兵工、測量，以及政戰、軍法的裁、併、撤，到「軍備局」成立，完全不顧國軍的未來，將賴以生存的後勤、支援、補給系統完全摧毀，只爲迎合總統、國會，以民粹式要求治理軍隊。

他在言語刻薄上的經典作品是：

將級軍官的退伍歡送場合，國防部爲每位將領準備一只，當時最流行的〇〇七手提箱，湯在逐一贈送時，附贈一句話：「你要好好保管這皮箱，將來沒飯吃，可以裝著手錶，到街頭擺攤生活」！

一個一輩子爲國家效命的退休將領，會碰到這樣的長官，講出這樣的話?!一個上將博得「湯要命」綽號，不是沒有原因的！

國家榮譽責任安在？

在陳水扁時代，以宣誓效忠「始」，在三一九之後，以稱病退休「終」，他和蔣，這一代的軍頭都攀上軍人事業的最高峰！但是，國軍呢？

國軍軍風敗壞，不再需要專業，買官、賣官之說，甚囂塵上，無風不起浪，沸沸揚揚的質詢、調查，延續到馬英九上任，誓言「徹查到底」！

結果呢？不了了之?!

在所有對軍人形象的打擊中，以此最深、最甚、最傷！

相對於對岸解放軍的貪腐、買官案？

習近平從兩位最重要、掌握實權的軍委副主席：郭伯雄、徐才厚下手，絲毫不手軟的追究、雙規、徹查、移送，立下整飭軍風、重振士氣，維護軍人地位、榮譽最好的典範。

而我們的三軍統帥，在軍中發生事故後呢？從「洪仲丘案」「管定了」！到「勞乃成案」「徹查、嚴懲」！

前者是：撤銷軍事審判法，掉落二位國防部長。

後者是：集合二十九顆星星，處罰二位上將，展示三軍統帥權威！

但是，對國軍有用嗎？

對所有以榮譽、責任、國家為擔當的現役和退除役官兵、眷屬、百姓看在眼裏會是什麼滋味？

總統！三軍統帥！你知道嗎？

你的「態度」成就了這樣的國軍！

chapter 4 庶民百姓怎堪時局亂

我們看盡李登輝，是如何接權、握權、掌權、弄權，政壇上，權謀興浪；商場上，黑金交錯，風雲變色！
陳水扁掌握國家機器後，買官、賣官甚囂塵上，「海角七億」滿足一己私欲，卻玷汙了台灣的國際令譽。
治國無方的馬英九，連起碼的食安都拿不出對策，難道人民所能相信的，只有自己？
台灣的「民主之路」，除了贏得不上不下、半吊子的評價外，這條路走得還真是無奇不有，怎一個亂字了得？！

擔任國安局海外退休人員聯誼會長時，在家裡為國際情報處的老同仁，舉辦慶生會。

香港失落了什麼？

一九九七到二〇一四年，香港接受了中國窒息式經濟、快速成長所帶來的「凌虐」。

農曆年後，我的好友Ega夫婦從香港過完和父母家人團聚的新年，回來後，氣到不行。三次見面中，少不下十個「受不了」的怨氣！

在香港，陸客的爆擠、搶擠、壓擠到沒有「空間」的那份失落，使得原本就擁擠的香港人，失去生活的自在、自由、自主，人人得豎起寒毛緊張過日子。

過往抬頭挺胸

這種影響使得生活品質完全受到窒息式的傷害，連品嚐美食的興趣、味蕾都變得食之乏味，計程車師傅用不斷的急煞車，直接嗆出對人客的不滿，也不管你載的是什麼人！

香港變了嗎？

香港失落了什麼？

三年之前，葉溍昭大哥還在世時，他是台港經濟文化合作策進會的董事，當年一趟以文創交流爲主軸的活動結束返台後，他以這些成員爲主，組織一個「文創家庭」，大夥推他當家長，我們定期聚會，當時討論一個重要的話題：

香港的文化是什麼？

台灣的文創如何與香港對接？

我們把香港的過去歸納出三個階段進行討論：

一、英國殖民統治時期，香港人的相互關係、生活、文化是什麼？

二、一九九七香港回歸前後五年中，香港人心情、生活的變化、轉化的過程是什麼？

三、從董建華、曾蔭權、梁振英這十七年當中，香港和中國，香港人和中國人，發生了什麼樣的變化？香港人怎麼想的？

歸納來說，香港人在經歷英國統治期間，是沒有「認同」「文化」問題的，他們持著大英國協頒發的證件，抬頭挺胸做一個「驕傲、高級的香港人」，啖鮑魚、煲燕窩、飲紅酒。

九七大限的出走潮

同情大陸人，傲視所有的華人，包括海外華僑和台灣人，因爲他們生活在英國人治理下。以免稅手段，快速經濟繁榮發展爲目標的香港，引領著所有高級的吃、喝、玩、樂，那是香港人最輝煌驕傲的日子！

沒落中的大英帝國、豢養這隻會下金蛋的「金雞母」，每年多少收益兌成英鎊上貢女王?!

當鐵娘子柴契爾和鄧小平一次會晤、談判，一跤軟膝在全球鎂光燈前剎那，決定了香港九七後命運。

一九九七，回歸確定帶來波浪般倉皇的出走潮，每個人、家庭，都以自己竭盡所能的積蓄，安排下一個駐腳。加拿大？美國？大英國協？都趁火打劫毫不留情以香港人的積蓄當成「居留」的交換。香港人，何去？何從？

九七過後，董建華八年，曾蔭權七年，梁振英二年，十七年了！香港人從畏疑、猶疑、遲疑到躊躇，「香港」？還是香港人的「家」嗎？

千千萬萬個千想萬想！最想不到的事，是從一九九七到二〇一四年，同樣十七年間，變化最大、最急遽的是「中國崛起」，整個中國快速以粗暴、一日千里的變化主導自己的命運，以近十四億經濟人民爲背景的吸、納、吐、收，趁著世界經濟茫然無從時，中國以近似「黑洞」的方式，用達摩洗髓經調整體質擠列世界大國！

最大的變化是，她的光環完全籠罩住「香港」，香港人根本反應不過來，馬照跑、舞照跳！五〇年不變！誰說的？

找出未來找出夢！

鄧爺爺咬著雪茄、打橋牌、在天堂！

香港接受了中國窒息式經濟、快速成長所帶給香港人的「凌虐」。

上個周末我和友驊受邀和香港朋友見面，包括瀾昌、六哥、達文、偉萍、景聖、長毛、卓人、趙東、郭辛，有過幾次交換意見，總結下來有點不成熟的意見，當成茶餘飯後吧?!

當下和未來的生活，是無從選擇的，只有眞實、認眞地面對。

匯聚眾人智慧，共同梳理從大英帝國到回歸之後的歷史，不必遮掩，平舖實敘，找出共同的記憶和失落的交集，找出未來、找出夢！

找出什麼是需要這一代共同努力、保存的價值。從這樣的「價值觀」所產生的認同，會幻化成爲「文化」，香港人需要、擁有共同認同的文化！

在這個指標下，香港人原有的自信、自尊才會得到自由、自主的空間，由其中產生的文化會標榜著香港人想要的「生活方式」。

這條香港路還是要由所有香港人勇敢、面對、無私、團結地走下去，才會快樂！

香港人！你還會做夢嗎？

好喜歡張雨生的歌：

我的未來不是夢！

走過滄桑，黃埔精神何在？

政治的操弄，軍人的精神、武德、氣節，俱毀矣！

一九六九年，我考進「政治作戰學校」復興崗，外文系第一期，接著要到鳳山、陸軍軍官學校（黃埔軍校）接受爲期三個月的「三軍四校聯合入伍訓練」（陸、海、空軍、政戰學校）。

進軍校報到的前一晚，我問父親：「你當了一輩子的軍人，最喜歡的軍歌是哪一首？」

黃埔校歌變調了

父親略加思索，當著我們三兄弟面前唱出「黃埔校歌」，這首他最愛的軍歌：

怒潮澎湃　黨旗飛舞
這是革命的黃埔
主義須貫徹　紀律莫放鬆
預備做革命的先鋒
踏著血路領導被壓迫民眾
向前行　路不遠　莫要驚
親愛精誠　繼續永守
發揚吾校精神　發揚吾校精神！

在父親堅毅、執著的眼神中，我看到他、他們、那一代、上一代，一輩子的堅持，用生命、鮮血親愛精誠，踏著血路勇往直前。儘管隨著老校長敗到台灣，而他們依然是：無私、無我、忠誠、榮譽、奉獻的典型軍人！

以前，在台灣幾乎每個男人都逃避不了當兵服役，唱軍歌，在我職業生涯所唱過、聽過最動人、印象最深刻的軍歌，除了空軍軍歌（搭配西子姑娘）外，很少有比得上「黃埔校歌」那麼令人盪氣迴腸、氣勢磅礡，把革命的精神、意識用生命、鮮血來貫穿的軍歌了！那是個風華年代，父親引爲一生驕傲的：黃埔、陸軍軍官學校、正十六期、步兵第一總隊、在重慶接受二年最嚴格的訓練，因爲後來十六期在台灣升上將的最多，包括空軍總司令、總政戰部主任…，我曾經問過父親，這些都是你的同學啊？父親悄悄地跟我說：「這些許多是當年爲了因應抗戰需要，在其他各地分校訓練一年就畢業的。」我再問，有什麼差別？父親說：「我們訓練嚴格，會做事的多，會做官的少，戰死的也最多！」

我依然記得老蔣總統逝世那天，父親從樓上衝下來，扭開電視，放聲痛哭的情景，那是我這輩子中唯一一次見到父親的眼淚。

軍人怎麼鬥得贏政客？

蔣經國先生過世時，我從比利時回國，在國安局工作，大家在忠烈祠排隊向經國先生遺像鞠躬。

此後，看著李登輝略帶緊張又難掩興奮，戴著四星上將統帥帽，由著他所提拔的將領簇擁閱兵的神情！

他以小心翼翼的算計，利用軍中原有將領、軍種之間的「嫌隙」打著培養本土將領的口號，翻轉國軍，聽話、服從成爲晉升考核的重要依據，他在位十二年，其中以任命郝柏村擔任行政院長，與李登輝「肝膽相照」的關係形容詞，成爲中華民國政治史上「以權易位」、「軍人怎麼鬥得贏政客？」最諷刺的寫照！

黃埔精神、黃埔的軍人精神、武德、氣節，從此，俱毀矣！

政黨輪替，一個連軍人都沒有當過的律師，在立委任內以「揭發軍中弊案，汙蔑軍人」為光榮的陳水扁上任，他一點都不例外，當上總統後，在馬屁將領的慫恿下，戴著上將統帥帽子「閱兵」！

黃埔精神毀得更慘！叫一個不會開船的陸戰隊當海軍總司令，叫空軍的國會公關將領當空軍總司令，叫侍衛長當傭人，提皮包拿衣服，八年任內換九個情報局長！更有將領為他把將領晉升改成半年一次，以便上下其手，把個買官、賣官炒得沸沸揚揚！

馬英九上任後，他最大的惡夢是從小管他的人多，嚴格的父教，眾家姊姊中最寶貝的「弟弟」，當官、從政仕途、二代排行榜中，他始終跟排在最後，不受重視，好像所有的人都可以對他指指點點，而他都是拿著筆記本、虛心受教的背後，心裡充滿著對傳統、大老、老大、團體式框架、規範一再隱忍的厭惡。

豈是滄桑兩字了得？

前四年的不作為，到後四年是連表面功夫、法理情全都不必顧了，任由軍、公、教年終獎金被砍掉，任洪仲丘案毀二個國防部長，一周時間終結軍事審判法，連號角都不必吹，讓二〇萬白衫軍終結國軍！熄燈號的黃埔是因為有個打心底對軍人、情治單位反感、不屑的三軍統帥！讓我們軍、公、教、警彷彿成了這個國家最不堪的族群，這黃埔九〇周年話昔說今豈是「滄桑」兩字了得?!

我在落筆書寫軍人、寫情報工作，寫出這些過往時，不是要挖糞，不是緬懷過去，沉迷往事，而是在我離開國安局褪下軍服的同時，投身在社會中，從每一份工作珍惜、學習、面對、成長，有過苦，受過騙，但在對照、比較、思考、反省的當下，我惦念著那麼多優秀認眞於崗位，努力付出的軍中弟兄，他們仍然孜孜孜不懈地在想著怎樣做好分內工作，讓這個國家能更好！

黃埔九〇周年慶祝的時候，我們走過滄桑、風華仍在，因爲：我們都還活著！

只是已經唱不到一首能夠讓我們血脈賁張的軍歌了！

經國先生曾經有過的夢

希望各部會整合，齊力同心，有思想積極團結合作，共同為國家效力。可惜，那終究是一場夢！

在五月中旬，越南以反中之名：突襲、洗劫、掠奪當地台商的驚悚過程中，你看到我們外交部派駐越南的外交官做了什麼？

怎麼做的？有做嗎？

政府做了什麼？怎麼做的？

駐外代表處是個衙門

在媒體一片撻伐聲中，我們看到了，知道了，他們叫我們貼一個「保命貼紙」?!

在那次暴動中，我們才知道，越南有超過四萬台商，在當地設廠，爲越南創造多少就業機會？經濟利益？

反觀我們外交部所設代表處，編制多少人？做些什麼事？爲這些在外打拚的台商提供怎樣的服務？我們曾經想過如何以這樣的經貿實力做爲和越南政府談判，爭取僑胞權益、提供安全、便利保障，進而提升國家形象的實質關係嗎？

我敢打賭，除了雙十節、過年和台灣有大官來訪問時候，會邀請僑胞來充場面、看熱鬧，以及少數知名大廠的老闆會受到邀請、照顧外，我想問問，我們外交部駐胡志明市以及河內代表處所屬官員，你們認識、結識、熟識、拜訪過多少台商、僑胞？做過多少服務？因爲我聽過太多的抱怨：「那是個衙門！代表處？只有辦理簽證、申請文件時，要去那裡照規定排隊、預約、抽號碼牌。」

一般僑胞有事？那是僑委會派駐代表處人員的事情！

你要申請越勞？找仲介！

你想學習中文？那是教育部的事！

你要申請機械進口？找經濟部！

你要申請來台拍片？找文化部！

領完三年美金回部辦事

外交部？只管簽證和安排官員來訪，接待民意代表，和有關係人員的參觀訪問！他們非常忙！因爲每個來訪的人都會告訴你：他是第一次來！他有多麼重要！

他們知道卻也不願意去拓展所謂的實質外交關係，因爲吃力不討好，而「沒有邦交，老共打壓」，成了外館最佳藉口和擋箭牌！

這是我們外交部派駐外館的普遍現象！而我們經過外交特考，錄取的優秀青年，是「一試定終身」，除非犯下很大的過錯，或是自己不想做，否則在經過半年的訓練後，他就可以開始編織自己的外交夢！從當科員進部辦公，等待第一次外派，如果是小館會連司機打雜兼小弟，什麼都做，就是學不到怎麼做外交？

即便到大館，也是做最基本的雜事，沒人會要求你到國會看公報，到議會結交議員助理，分析政情…，你只要好好聽話，不出事，別惹事，領完三年美金，回部辦事！

三年後再度外派升個二秘，管管領務，再回部升科長，外放一秘，回升組長…熬夠年資，跟好關係，怎麼輪都輪得到，這鍋飯只屬外交部，包括財務、會計、總務人員。

要是你這次派駐艱苦的D區（薪水加給津貼多），下次換A區，中間輪個B或C，千萬別急，機會均等！而大家一起努力創造的成就，除了艱苦地區加給外，還包括每年二次的「採購假」，一次七個工作天，配上前後假日可用十二天還有公家機票的部分補助。

這就是「外交部」！我的朋友剛進去時，充滿理想、抱負、志氣，將近一年後，我問他感想？

他說：「X的！衣冠禽獸！」

若干年後，國外相逢，他牽妻抱子，在找房子！

二十年後，我再問他感想？

他說：「國內太可怕了！我還是去XXX，那裡單純、錢多！」

見不到真正的外交官了

一九六九年我之所以考進政治作戰學校外文系第一期，那是父親去向校長打聽？校長是這麼說的，來念吧！這個系是經國先生交代成立的，人少、師資好，書本都是國外進口，將來畢業要去從事「整體外交」工作。

我們畢業時，英文組十五人，法文組十三人，俄文組十四人。

我想那時候，經國先生應該是瞭解，我們國家在國際環境中的困境，也瞭解外交官員的保守、自持、自我設限的各種藉口！

更瞭解的是，國內各部會，各擁山頭、資源、自私、不團結合作的心態，是多麼消耗國力！而希望整合，齊力同心，有思想積極團結合作，共同爲國家效力。

可惜，那終究是一場夢！

在退出聯合國、中美斷交的經驗中，他終於瞭解到，只有把台灣建設好，經濟成長、民生富裕才是根本之道。

但是「總體外交」這個名詞，卻是日後我在工作時期，一直也是最大的關注點。憑良心說，能夠通過外交特考，進到外交部工作的人，都是最優秀的，但是在那樣的大環境中，你不可能有所作爲！在國內政壇的惡鬥中，外交成了裝飾品。

大館中十多個部會，各擁其主，各自爲政，誰都希望出國時有自己人安排接待。

在這種情況下，除非碰到眞正有魄力、理想、見解的長官，大刀闊斧創設定期的「選、訓、教、用、考核、晉升、淘汰」機制，否則別說「總體外交」是個夢！我們已經見不到眞正的外交官了！

不信的話？你到外交論壇的網站去看看！

為什麼會反對政府？

原來她在我駐比國大使館工作時的紀錄，被以「共產黨同路人」書面資料送到比利時政府安全部門，成為黑名單裡的拒絕往來戶。

我第一次出國，赴比利時前，在台獨人士的檔案卷宗裡面，有一份資料特別吸引我。這是一位小姐，台灣南部醫生家庭出身，出國求學的第一個目的地是日本，後來轉到歐洲比利時繼續留學，畢業後，曾經在我駐比利時外交部大使館工作一段時間，離職若干年後，變成一位堅決反對政府的台獨人士！

沒有報備就被貼上標籤

我翻遍相關檔案，想要知道，為什麼？她的理念是什麼？還有任何她參加活動的事證、理由呢？我好奇地想知道原因和經過？因爲那個時代，能夠出國，到歐洲留學者，除了學業能力和條件，都有著不錯的家境，那麼他們反對政府的原因更値得探究和瞭解。

這件心頭事讓我花了一年多的時間，從她同年代留學的同學、朋友，周遭往來人士中慢慢接觸、瞭解甚至結識後，經過和當事人多次長談，才把整件事情的來龍去脈、原委瞭解清楚。

X小姐當初到比利時留學畢業後，因爲表現優秀曾經受僱在我大使館工作，閒暇時候，一群台灣來的同學，以她爲主，組織了「台灣同學同鄉會」，還自主發行通訊連絡，但是這些行爲動作，沒有向我方主管的教育部官員報備，也拒絕接受他的指導，於是，這些人被報回國內，上了榜、掛上號，貼著「台獨」標籤！即便如此，X小姐也不至於有那麼強烈反應和對政府的反感吧?!

事情發生在後來，X小姐謀得一份比利時知名大學校長秘書的職務，而這個位置的工作人員必須是比利時籍人士，當X小姐申請加入比利時國籍資料二度被拒絕退回時，連那位在比國有相當分量地位的校長，也不解地出面想要瞭解問題出在哪裡？

答案揭曉：原來她在我駐比國大使館工作時的紀錄，被以「共產黨同路人」書面資料送到比利時政府安全部門，成爲黑名單裡的拒絕往來戶。

有什麼好檢討的？

後來他們花了一番功夫去解除魔咒！才清楚明白，那位頂著教育部主管，面帶微笑，貌似慈祥和藹的夫妻，其實是當地國民黨負責人，這是他控制學生、僑胞的手段之一！

也是同樣一個人，我到達比利時後，閒暇時投稿中央日報海外版「海外隨筆」，有一篇略帶批評建議文章，才一出現，立刻接到他的約見電話，才進入他辦公室內，他在關門、轉身剎那間，將西裝領襟對著我，翻動二次。

我問他：「什麼意思？」

他告訴說：「我也是藍衣社的！」

那是相認暗號。

我差點笑了出來！冷冷問了他：「什麼事？」

那位先生肯定知道我背景。

也向我單位長官告了狀！

可是，我不認爲我寫的有什麼錯？有什麼好檢討的？

這就是他們一輩子在國外，盤據位缺，控制操弄，賴以生存的手段！

在經過長時間的採訪、深入瞭解，回國後我做過一份這樣的報告：

一、比利時X小姐加入台獨，反對政府的原因。

二、爲什麼歐洲國家台獨組織活動比起美國、日本少的因素？

二之一、語言、生活、文化、國情、法律背景差異大。

二之二、長期以來我駐外主管教育人員，鼓勵念音樂、藝術、美學人才赴當地進修，不鼓勵政治、法律、科技人員赴歐洲求學。

真正符合人民的需求了嗎？

二之三、以語言難學，簽證取得困難爲拒絕理由。

二之四、對聽話學生予以各種獎勵，包括免費機票、海外學人、優秀僑胞……等籠絡手法，還要求你保密，不得宣揚。

二之五、對於不聽話學生，予以疏離，扣帽子導致對政府不滿……。

三、爲什麼駐歐洲外交人員調動困難？特別是國民黨黨工幹部？幾乎如同萬年國代？

三之一、長期爲少數人把持，造成語言學習困難、人才斷層、簽證取得不易、無法辦理居留……等印象。

三之二、如果政府貿然派遣，將影響雙方關係，甚至外館員額將被駐在國取消……。

這是我們早期派駐歐洲外交官員的普遍現象，一九七五年，中南半島淪陷，多少越、棉、寮忠貞華僑黨員移居歐洲，以法國、德國、西歐居多，但是當地國民黨工，把他們完全排斥，拒絕接受登註，因爲擔心人數眾多將失去對僑社的主導控制權，從外交部、僑委會、教育部個個把他們視爲難民，又因爲背景難以瞭解，所以在拒絕之外，絕對不會沾上任何關係！想想看？就連我這樣的人，去到歐洲還被威脅！那些留學生、僑民能夠不看這些官員的臉色嗎？

站在政府的角度，如何率領官員做好爲人民服務？協助發展？不分貴賤地協助民眾解決問題，這是責無旁貸的工作，但是我們好好思考過嗎？爾俸爾祿、民脂民膏！能不篤愼無私乎?!

儘管X小姐的事發生在早期的歐洲，但是回顧眼前，中國大陸、香港、澳門、台灣四地政府的作爲、方法？都眞正符合人民的需求了嗎？小心呵！

在快速變動的時代中，你若不肯面對問題，最後終將被問題解決！

顛沛流離　中國人

母親一再叮嚀、告知：我是她怎麼冒盡千辛萬險帶著逃出來，面對和活下來的！

我一直想寫的是人，周遭的人包括自己，遇到和發生的事情，就從我開始吧！？

一九四九年初，剛才過完農曆新年，母親挺著大肚子，看完元宵花燈，隔天晨光，在江蘇丹陽老家生下了我，我們家的住址是：老北門大街一號。現在已經不存在了！

路上隨時會有被捉的危險！

一九五〇年底，天眞的祖母挑著擔子到鄉下收糧租，被趕出門外。

母親說：「以我們家在當時的環境，已經必須憑著糧票，一天吃稀飯，一天吃黑麵條了！」

最糟糕的是因爲父親是黃埔畢業，追隨蔣總統的部隊到台灣去了，這是標準的「反革命、黑五類」家庭，有個共幹專門在巡，要求母親每三天交一次報告，五天一次檢討會，內容是：

誰來到你家？見過什麼人？爲什麼？吃過什麼東西…？

母親在深知很難活下去的情況下，向大伯父提出：要到台灣找丈夫的想法。

大伯協助母親用肥皂偷刻「杭州縣政府」官章，並僞造一封來函：要求母親回鄉教書。

因爲母親是師範學院畢業生。

母親據此向主管幹部提出：申請路條。

幹部問：「你要暫時遷出？還是永久遷出？」

母親說：「隨便囉！」

幹部說：「還是永久遷出吧！省得麻煩！」

一個章蓋下母親七上八下的心情！因爲永久遷出可以取得十四天路條，暫時只有七天，而從丹陽到廣州乘火車就要七天。當時沒有路條或超出時效，在路上隨時會有被捉的危險！

在取得路條，秉持嫁雞隨雞，跟隨丈夫的心意，儘管祖母多所顧慮，也由不得母親的堅決，當然母親也蒐集各方消息，包括：人民幣比不上黃金，因爲沿途會被搶奪，於是把金條剪開，縫在布鞋中、腰帶、肥皂裡⋯。

一年多來沒見過白米

就這樣帶著二歲不足的我，一桶金雞餅乾當食物，從老家丹陽搭乘七天七夜的火車，奔向廣州。

母親說：「好在這七天七夜行程中我沒有哭，否則怕早就被趕下車了！」

然後，在廣州一定要找到黃牛，因爲：何時走？怎麼走過羅浮？那才是定生死的關界！包括：通關時的服飾，要注意什麼？會被問什麼？怎麼回答？

任何一點小差錯，都是生死定命的關鍵時刻！

在排隊中，母親看見前面老太太戴的金耳環，被毫無預警地扯出鮮血，看報識字的男人，當場被拉到禁止出境的行列。排到母親時，官員拿出報紙，指著問：「這是什麼字？那是⋯？」時，母親倒接著報紙，被罵聲：「鄉巴佬！」

就因爲不識字，快速地過了關。

香港，登報，尋人啓事，一等親，依親。外公在報紙上看見母親登文，連夜叫舅舅趕到三峽，找到正在當營長、帶兵伐木的父親，把我們母子申請從香港來台依親！

傳令兵把母親和我送到父親面前時，父親一句話：「妳來做什麼？」

母親的淚水像崩堤般潰出！

好了！好了！叫傳令送回三峽街上的租屋，還送來一包白米，母親見到白米又哭了一場，因爲一年多來已經沒有見過白米了！

買一顆包心菜炒過，我們母子吃了一個星期。

這些都是我成長中，母親一再叮嚀、告知：我是她怎麼冒盡千辛萬險帶著逃出來，面對和活下來的！

當父親的同學得知母親逃離大陸來到台灣的消息，紛紛前來打聽。當母親說出自己的遭遇，敘述蘇北來的難民，如何剝樹皮，吃觀音土⋯⋯，還有反革命如何被遊街處死，如何被用竹竿反手吊起「望中央」，然後被摔死鬥爭的慘不忍睹情景。

結論是：竟然沒有一個人相信！這是大陸淪陷不過二年中發生的事！

怎麼可能呢？因爲老蔣總統要求他們準備，三年時候「反攻大陸」！

大遍江山是怎麼丟的？

這就是我童年活生生的例子，然後一路念到政治作戰學校，復興崗，從馬克斯、列寧、共產主義，毛澤東、孫中山、國父思想到匪情研究，我們有將近四分之一個世紀，把萬惡的共產黨當成我們不共戴天的敵人！

其實？是誰跟誰的深仇大恨？又要恨多久？

包括我軍校畢業第一次被派到馬祖最前線二．七平方公里的高登島。第一個早晨，上完廁所的原住民小兵，高正義提著褲子衝進碉堡：「哎喲！排長！排長！大陸這麼大喲！」

正在整理內務的我們全都笑了！

也曾經我們幾個排長，坐在山坡上，面對著從右到左望不盡的山巒峻嶺，向著羅源灣唱起「白雲故鄉」心中訥悶的是：

這麼大遍的江山，是怎麼丟的？

在比利時魯汶大學接觸到第一批、鄧小平時代從全大陸挑選二百名菁英高中生，送到歐洲各國學習語言，念大學和我們完全沒有兩樣的同學。

後來在巴黎更不用說了，來自天安門的民運人士、來自中南半島的越棉寮，每個人都背著不同的故事！

這是一個大時代，從看似緩慢的巨輪中，無情地分裂、廝殺、吞噬，國際間強權，生存，爭的是什麼？要什麼？在這洪流中，我們活著、思考、執著，說不上看透，因爲經歷、經驗過，希望能把握機會把這些人的故事，好好地紀錄下來。

如何正面應對兩岸關係？

收拾起不成熟的悲情舉措，用實力、智慧展現兩岸的希望和未來！

中國共產黨第一個正部級官員、國台辦張志軍主任，在兩岸分隔六十四年後，第一次以四天三夜的時間來到台灣正式訪問。

單單一個「海基、海協會」的白手套，兩岸就戴著演戲超過二十年，當年我們在國家安全局工作的夥伴，曾經有過預測、討論和打賭：這個「正式」的一步要走多少年？如今打賭的人全都退光了，只差沒有白頭！

三任總統經濟窘困毫無對策

回頭看看兩岸局勢的變化。從優勢變弱勢，放掉主動進入被動，只要稍微回顧就知道這一步差在哪裡了。

大陸從江澤民、胡錦濤到習近平，二十年，把大陸經濟、建設、人均所得倍倍翻超，全面提升建設，躋身世界強權大國，特別在習近平接手後，凡事正面迎對，不卑不亢，軟中更軟，硬中更硬，強大的經濟、建設動力成爲自主中國手中的一張王牌。

台灣從李登輝，一邊一國、毀教育、鎖經濟，逼得台商像是做小偷，見不得人似的往大陸跑，從藍到綠，從成衣到石化，從小籠包到腳踏車，從婚紗到電子……哪一個不跑？哪一個不到大陸落地投資？兩岸條例？小心共產黨！就算戴上紅帽子也管得住嗎？李登輝十二年的用心，毀盡台灣過去四十年，以中華民族傳統文化、社會繼承傳遞者自居，所有的師道、倫理和社會上賴以互信的責任！

陳水扁充滿希望上台，不擇手段玩弄一台他所不懂得的國家機器！在私心、慾望、自卑、驕傲的矛盾交集中，貪汙收場。

馬英九自以爲典型國民黨，卻把國民黨批發賤賣，軍人、榮民、教師、警察、公務人員，再沒有任何一任總統可以如此讓「國家的公務人員」賤落到如此地步的總統了！

這二十六年直到眼前，中華民國政府施政，任何一項政策動輒得咎，經濟窘困，毫無對策！

張志軍事件的處置無方

陳水扁時代對抗中共，至少還懂得狐假虎威，趁勢造時，到馬英九的大陸政策，一廂情願地好到：沉緬自慰！

這些後遺症在張志軍來訪時，你可以清楚看見：政府部門各自爲政，沒有統合協調、互相支援的團隊概念。

危機處理？更是捉襟見肘，荒腔走板，四件逐步升高的事件處理在媒體催情下，因爲都沒做即時處置，而演變成敗筆收場。

第一個諾富特踹門事件，只要稍微用腦筋想想就知道，張志軍抵達，休息時間會有多久？

占用旅館的七人，鎖住門可以不出來嗎？踹門、破門，兇對的鏡頭，一再透過媒體就發酵了！

黑色島國用鐵鍊綑綁阻路，明明妨害交通很好依法處罰，卻留下陣陣尖叫鏡頭！

彰化天后宮，民進黨縣議員之子，人群中點燃強力沖天炮，已經是公共危險現行犯，在民眾追打中一個流血鏡頭，又說成「警察打人」，事實呢？說謊、栽贓、汙蔑，這樣一個年輕人學盡所有政治上的下流手段，想走的是成名捷徑！

有處理嗎？陸委會？主辦方？會、還是不會處理？任由媒體輿論自由發揮？

西子灣看夕陽茶敘的浪漫安排，在兩袋白漆中收場，取消後面所有行程，打道回府。

不入流手法貽笑國際

四件突發的不處理新聞壓過張志軍與朱立倫、陳菊、胡志強的會面，兩岸官員六十年後在台灣的初次見面，還包括民進黨伸出的橄欖枝，都…模糊了！

遺憾的問題可以不用再談！

爲什麼？我們處處自詡比大陸進步的文明，可以任由這批年輕人，以巧取、避責，遊走法律邊緣的方式糟蹋？民進黨口口聲聲的「獨立建國」是建立這種不入流、貽笑國際的國家？

爲什麼不能展現一些有實力、智慧、充滿自信、不畏強權壓力的志氣？卻要用這種手段？還有中研院的人說：對方不懂爲客之道。這種主客不分的島國言論！

張志軍來台，在兩岸關係上算是一個里程碑，意味著我們終究願意觸碰面對面、正式的問題了！

往後五年？十年？二十年？誰也說不準！科技、經濟、國際關係壓縮著未來發展變化的空間，文化是底蘊，文明展現在進退之間的分寸拿捏，請年輕朋友們收拾起不成熟的悲情，用實力、智慧展現希望和未來！因爲我們這一代，做的，夠了；看的，也夠了！

政壇的拿捏分寸

現在政壇已經沒有這種懂得、容得，愛才、惜才、育才的長官了，檯面上每個單位主官都在看熱鬧！

二〇一四年六月，大陸國台辦張志軍主任首度來訪、提前離台後，我的直覺開始思考：

負責全部行程安排與陪同的陸委會副主委張顯耀出問題了！但是出了什麼問題呢？行程安排不當？太緊？太多？發言不當？張志軍被潑漆後？

張顯耀的官場歷練不夠

張的發言：「以後大陸人都不相信我們了?!」

如此獨占媒體版面，不懂得官場做法。

張顯耀的官場歷練不夠，怕別人搶功、搶風采，凡事一把抓，手下沒人敢做主，自己灰頭土臉，衝在第一線，當然會出問題！

這與他出身、歷練的背景、經驗有關係，顯耀是警察大學六十二年班安全系畢業，這個系最初的設計、經費來源就是由國家安全局幕後負責，主要目的爲「國安體系」培養幹部。

當時考取成績、家庭背景、身世，都經過特別調查、要求才會錄取就讀，所以前任警政署長王卓鈞，前任調查局長張濟平，剛從警大畢業後，都曾經在國安局歷練後回到警察系統，或考進調查班，也有通過外交特考，轉進外交部工作的優秀幹部，這其中國安局是擇優用之，當時其他人也有進入警備總部、境管局、警政署工作的。

最重要的是警大畢業後，取得文官任用資格，在行政部門，平行單位之間的調用、安插，可以不被爭議。這也是早先情報系統較有遠見，佈棋、佈建、掌握單位狀況，發揮影響力的方式之一。民國七十九年，我在法國巴黎擔任國安局代表時，顯耀被派來法國學習語文，我負有考核責任，他的思維縝密、邏輯清楚，我常把一些法國政壇問題交給他做研析，當時就看得出他在這方面的長處、優點。

全盤局勢親自掌控

後來，他回到局裡在四處工作後，公費留法讀完博士，再跟殷宗文到國安會，不久陪同宋楚瑜訪美後，退出國安局追隨宋先生加入親民黨與孫大千成爲宋的左右手，那是他最風光時刻，也成功當上立法委員，在親民黨最微弱時候，他離開了。

我引用親民黨圈內人士對他的說法：他頻頻向馬輸誠，背離親民黨，雖然不到「背叛」地步，但是親民黨的高層在「啞巴吃黃蓮」的尷尬下，只有對我做出無言和無奈的苦笑！

從以上的經歷，反應出四點問題：

一、他對「功名」在意，也會主動爭取。

二、他缺少與他人合作、團隊分工運作的經驗。

三、他缺乏領導統御和指揮經驗，也缺少談判時應有的沉著和進退應對該有的智慧。這一點是現在國民黨幹部、政府官員極度缺乏的！

四、他最不會的是「副手」，不懂得抬轎子，不會幫人做嫁，所以在他心目中，長官的排名是：馬英九、金溥聰、王郁琦。其實：他完全錯了！他該把順序倒過來：一是王郁琦，二是金溥聰，三才是馬英九！

馬怎麼可能把張收歸「心腹」呢？

這是顯耀錯誤的認知，他忘記王郁琦是誰的學生？也忘記王是擔任總統府馬英九的發言人，之後才發佈陸委會主委的，你怎麼可能一直用外界說法：與中國談判充滿危機、媒體界太複雜甚至你不懂的裡由，來阻止主委對整個單位，全盤局勢親自掌控的用心呢？

好長官會教導改正

連他的老師、靠山回來後做了多少首長換人的動作，甚至在大陸談判前，被王郁琦不准任意「對外發言」的禁止要求。還依舊把手伸向對美國關係，不是你領域的紅線區！即便你是對中國談判的首席代表，但是有人明確賦與你跨界的權力嗎？

這叫做不懂得分寸！

以上我列舉顯耀下台的各項分析，在以前如果他有位好長官，會立即糾正、教導他改正，只是現在政壇已經沒有這種懂得、容得，愛才、惜才、育才的長官了，檯面上每個單位主官都在看熱鬧！這才是馬英九領導下，最大最危險的危機問題！

這是你！馬英九親自挑選、任命，集三職三權於一身的特任官，如今栽他以「共諜」嫌疑移送法辦，難道你沒有責任嗎？

在金溥聰換盡幾乎所有重要的情治首長，逼走張顯耀後，金溥聰上任最後最重要的工程：「藉用兩岸關係，爲後馬定位」

界定一個里程碑的工作，才將開始！

只是，在位六年換了十八個首長，每一個都不單是含怨離開，而是讓那麼多你親自提拔任用的人，能夠「恨你」！

這才是政壇的金氏紀錄！

還需要放眼國內外嗎？

你不會一輩子當總統的

任何人事的處理，至少要顧及當事人的「尊嚴」，不要把人逼到死角，不留一點後路！

我曾經針對馬英九寫過三篇文章，分別是：

「沒有鎂光燈，總統怎麼活？」

「錯！錯！錯！總統你完全錯了！」

「情報單位的浩劫！馬英九上任六年。」

本來想想：算了！

這個人還有什麼值得你再批評的呢？

如此糟蹋軍、公、教、警

昨天出差回來，國外、遠方的弟弟分別和我討論張顯耀時，弟弟提到中部一些商界老闆對馬的看法，他們以好人、壞人來區分，大意如下：做壞人容易，心一橫，手一捏，就做了！做好人？可就沒那麼容易了！要想很多！比做壞人難！

馬英九絕對不敢做壞人！

更不會做好人！

看他這樣對待手下，還是人嗎？

我眞的想不通？這樣一個總統，在處理這麼單純一件「人事任免」案件上，會把六年辛辛苦苦經營，唯一稱得上政績的「大陸關係」處理成：這麼難以收拾的場面?!

在油電雙漲案上，他的心中沒有人民，他說：油電漲價，不會影響物價。

他是吃米不知米價嗎？從來不上菜場，而陪著母親去市場的鏡頭，只是爲了鎂光燈。

在軍公教年終獎金的處理上，由於不再選舉，他完全執行總統權力，把登載入法的年終二個月加發，一筆勾銷。

在洪仲丘案上，一周內報銷二個國防部長，三天終結軍事審判法。讓所謂的國軍自生自滅。

歷史都還看得見：歷任中華民國總統，包括民進黨的陳水扁，再怎麼做壞！也沒有一個敢像馬英九這樣，「糟蹋軍、公、教、警的了」！

連共諜名詞都用上

在王金平事件上，我們看到，明明一件可以正當處理的事情，在經過總統之手後，從多麼慷慨激昂、義正辭嚴到眞相揭曉，也只是私心、基本常識對錯的判斷，鬧上法院，一再敗訴！

朋友啊！這也是個台大法律系、哈佛國際法學的博士總統，連基本常識思考都不通，頂著教授的大砲，去轟一個當過老師的立法院長，還弄到灰頭土臉，我們的教育、法學訓練眞是空中樓閣！如夢！如幻的可悲！可泣啊！

總統、特偵組聯手打立法院長也罷了！如今是，總統、國安會秘書長、陸委會主委加上行政院長聯合打一個自己任命的特任官：行政院陸委會副主委張顯耀。過去年半來在第一線專門規劃和大陸談判、主事，一直依賴、倚重的專家。

他到底犯下什麼錯？違紀？犯法？錯到不能處理？還是不會處理？

按照行政程序，王郁琦如果約束不了張的行事做法，可以向行政院長或總統報告，先解除張副主委職務，專責海基會，這就是很重的懲罰與警告了，如果王郁琦手中所謂「檢舉函」眞有其事？那不是有充分調查取證的機會？這是思維處事的程序。

爲什麼要在一次拿掉他三個職務，逼他去職，在八月十六日發佈新聞稿宣佈「張顯耀以家庭因素辭職」，八月十七日張表示是「被告知去職」再變成「工作疑點待釐清」「如此做法是爲了保護張副主委」，待張以「栽贓、抹黑、被長官出賣」反擊時，調查局長立即出面，並將案情從洩密升到「疑似被中共吸收」，甚至連駭人聽聞的「匪諜」「共諜」白色恐佈名詞都再現江湖！

何苦動用國家機器整人？

調查局立刻以外患罪逕送高檢署，卻因資料不足被打臉退回……。

接下來？再演吧！？讓我們看看這部「國家機器」到底有多醜陋?!

算一算，馬英九任內前後十八位特任官去職，幾乎都沒有得到基本的尊重。我熟悉的領域中，電視圈的林老師、鄭老師都和馬長期共事，他們評論精準。我最早接到直白的警訊，是馬英九才當台北市長時，一位七海的學長告訴我，「天鐸，小心，這個人不是東西！」

七海圈內人對於馬英九每次到頭寮謁陵，跪哭媒體前的表演印象，都特別深刻！

一個國家、一個黨、一群曾經對他抱過希望的人，從期待、等待、失望到絕望，再也想像不到對一個土生土長受國家栽培起來的高層幹部，你會集合「國家機器」，動用這麼多手下，完全不顧國人、兩岸、國際觀感，來對付一個人！

我要說的是，張顯耀不是仇敵！他曾經是你最信任、倚重的手下，任何人事的處理，至少要顧及當事人的「尊嚴」，不要把人逼到死角，不留一點後路！

你也不會一輩子當總統！

還是多做點好事，這叫做積德！

什麼GMP？政府別再騙百姓了

政府不願意也沒有方法面對問題，我們只能對於所有吃的東西和食品更加小心挑選。

二〇一三年十月，大統混油事件爆發後，我看見一堆人在電視侃侃而談GMP，我卻一句話都沒有說，因爲我知道：什麼GMP，ISO一四〇〇、二二〇〇〇都是假的！

政府的態度竟是什麼都不管

其實，問題的根本是：政府不願意也沒有方法面對問題。我們只能對於所有吃的東西和食品更加小心挑選，因爲在這個追求表面、虛假的國家，我們所有能夠相信的，只有自己。

在「雙葉食品股份有限公司」擔任總經理特別助理，是我退伍後的第二份工作，卻是積蓄職場學習經驗最多、最重要的過程。因爲在那三年中，我有二個最重要的經歷體會：

一、什麼叫做「中小企業」？

二、什麼叫做台灣最複雜的「家族企業」？

在雙葉工作第一個最大的震撼是，「天啊！我們政府口口聲聲：台灣進步、發展最引以爲傲、引以爲榮的中小企業，政府對待的態度，竟然是：什麼都不管！」錢被銀行勢利壓著賺利息！物品進口抽稅，貨物賣出抽營業稅，沒賺錢？不能抵稅，個人收入還有所得稅！政府會做的只有一件事情：當你成功、出頭時候，你的光環變成他們的績效、業績！

以前常常帶著外國友人，清晨在中正橋頭、台北橋上看著萬頭鑽動，騎乘摩托車趕上班，拚命工作的實境場景，以這樣的光景來對照眞正基層拚命的中小企業，這些只是表象！底層討生活的勞工，是眞的！想盡辦法找出路、拚生活的老闆，是眞的！只有政府，沒有資格收成、分享這些人的血汗、辛勞成果！

食安認證所費不貲

那是我從國安局退伍後的第二份工作，接受朋友推薦到這家老字號，以冰品傳家，靠「阿奇儂」雪糕聞名的雙葉食品公司擔任「總經理特別助理」，在總經理期望轉型的前景中，讓雙葉食品的股票能夠上櫃上市。

經過將近一年，實際參與瞭解，發現問題重重：最重要的三個問題，制度、管理及如何讓財務透明化？我們工廠當時有一半外勞，將近四〇名，一半本地員工，大專學歷只有二位，一半以上是從小鄰居跟著做到老的勞力黑手（不識字）。

公司的業務從原物料進口、產品研發、設計、包裝、倉儲、門市、配送、經銷，全都自己來，包括將近三〇項應市的產品和每年不斷推出的新產品。以公司現有幹部素質、廠房設備、作業程序想要上櫃上市？八字眞的少一撇，經過許多案例研究、上課學習後我向總經理匯報想法和做法：

先從GMP良好製造生產管理著手，再套進到ISO一四〇〇〇或二一〇〇〇，同時間著手制度、管理和財務透明化工作，做爲上櫃上市的基礎。爲此我專程到新竹「食品安全衛生研究所」拜會當時的劉所長，因爲他們是專門輔導、推動食品安全衛生認證GMP的單位。他介紹給我們一組輔導工作人員，並且完成簽約費用確認儀式。

當我把大筆資訊帶回研究後，發現包括廠房設備、清潔條件在內，所有必須變更、汰換的設備又是一筆大錢。這兩筆錢都是不小的支出，更重要的是，所有廠內工作和部門幹部必須要上課，學習接受輔導，以你自己的經驗寫下所有製程、流程中需要完成符合規範的動作。

成本反映消費者吸納

這是「自主管理」做法，並沒有對品質、內容、營養成分，有任何適法、合法、違法與否的規定條文。這只是在全廠超過三十項產品中，單獨挑出一項申請認證，但是至少花費超過二百萬台幣才能完成，而我們公司最貴的一支冰棒，也賣不到二十元，這筆帳，怎麼算呢？

我和總經理在討論時，採取對各自有利的論點。

我的著眼是針對工廠，學歷、程度不高的幹部藉著GMP訓練內容、作業模式，完成操作製造文書作業的制度化，藉以磨練提升幹部素質。

但總經理卻發現，其實只一項產品通過認證資格後，那個微笑標誌，就可以掛在LOGO之後，稱爲：雙葉食品GMP工廠了！

這在雙葉整體對外形象、銷售、談判、業績上有大大的幫助，我們是在這樣前提下努力完成GMP工廠認證工作的。

現行將要通過所謂新制GMP要求：認證廠商全廠所有同類產品都必須認證?!那是完全不切實際，唬弄百姓的做法，試問：

一項認證要花多少錢？多少時間？

哪家公司靠一項產品能夠存活？經營得下去？

如果三十項產品全都通過認證，羊毛出在羊身上，認證費用鐵定不會是政府出，而是從消費者身上賺回來！

認證外包何來公信力？

政府的公務人員都是學有專精，卻不願意負責任才是根本問題，所有認證、檢驗工作全部外包！

那麼我有兩個問題要問：

一、輔導認證單位，收取廠商認證費用，如果輔導不過，要不要退錢？

二、GMP的認證單位是工業局，食品安全衛生的主管機關在衛福部，怪不得我們染皮革的工廠廢油，可以被混成食用油。

一個香豬油，免費試用，便宜好用，就騙死了所有喜好「台灣美食」的台灣人！

哎喲！我終於知道：

我們癌症人數和健保費用不斷增加的原因了！

政府，請你關門吧！

李遠哲受委屈了嗎？

每個月五百K的終身俸給！還在那說三道四指導國事，不用負責？不必懺悔？

二十年前，聽到諾貝爾獎得主，是何等的風光，管他是文學或化學？或只是幾個人得一個獎？或只是當年眾多化學得獎者之一！

之前，我們的宣傳教育中，只有李政道、楊振寧，而楊振寧因爲和中共有過往來，在台灣被宣傳、重視的程度就不如李政道來得上版面，因爲是「學人」。

中研院長任內有何建樹？

學人：除了學問、名聲之外，更重要的是「風骨、節操」，和有所爲與不爲的政治判斷！

這是當年氛圍下的中國人。

李遠哲是李登輝一手拉拔的本土學者，頂著諾貝爾獎光環在接掌中央研究院長時，是何等的風光，受到所有國人的期待啊！

但是，他在院長任內：

培養延攬了多少人才？

提升多少國際能見度？

在學術、制度上做了多少改革？

我們知道的是：

中央研究院這將近三十年來，如同「禁宮中的王國」，有個如同李登輝領取終身院長薪餉的退休院長，他們躲在南港，直到太陽花運動出現個黃國昌教授後，記憶，才像歷史般被喚醒！

哦！爲什麼？

我第一次出國，到比利時魯汶大學，申請的是：社會科學研究院的開發中國家研究。

在台灣，只有文、理、工、法各個學院，之下的中文系、法律系、政治系、音樂系、德文系⋯都是個別獨立的。

但是有超過六百年歷史的魯汶大學，爲什麼設置「社會科學研究院」？並且網羅多數科系？

他對政策沒有指指點點嗎？

在我多次和教授討論得到的結論：所有大學、研究所，包括博士班所追求的學問、研究，如果不能從「立足社會、放眼未來」的角度去思考、學習，基礎將會是空的！

語文、法律、經濟、歷史⋯，能夠脫離社會基礎單獨存在嗎？

如果不能從社會的發展歷史、現實、現象中去發掘問題，用科學方法來歸納、比較、分析，找出方向和解決途徑，在本質上就會失去對社會發展的意義與貢獻。

這個概念於二〇一四年十一月十六日，法國諾貝爾獎經濟學得主皮凱提，在中研院的專題演講中得到證明。

李遠哲在教改邁入二十周年的研討會上，把教改不成功，歸納以下四點因素：

一、社會沒有先改革

二、政府經費、財稅分配不公平
三、民眾生活不公義
四、行政院教改審議委員會，只是爲期二年的臨時編組。

他當時的責任，只是提供建議，後來政黨輪替，外界卻把矛頭指向他，他「受到委屈，沒有關係，但對社會，是非不分，感到遺憾」！

他完全忘記了從八十二年底返國以來，除了中研院長外，教改、九二一重建、國政顧問團、APEC代表、兩岸小組⋯，從科學、社會、兩岸、廢高職、多元入學⋯哪一項、哪一件事，不經過他的指指點點？讓我們見識到：台灣人對諾貝爾獎得主以爲無所不能，盲目、迷信地崇拜！

而陳水扁競選總統前：糾集學者、名流、賢達，一篇台灣「向下沉淪或向上提升」的呼籲，決定台灣八年改朝換代和陳水扁的牢獄之災。

別把自己看得那麼了不起

其實，當年的教改也不過是李登輝挾自由、解放之名，假平等改革的煙霧彈之一，這其中的興學，讓多少地方派閥勾結，把旱地、林地變成教育用地，在飽賺教育黑錢後，等著退場機制再來坐地分贓，等著學校關門後的財產處分。

這就是當年李登輝五鬼搬運，偷走國民黨財產的煙霧彈之一。

一根雞骨頭，由本土派諾貝爾獎得主搖動教改大旗，多少人興奮地衝、衝、衝！把台灣學生，三代教育弱智化到十五K的程度！

問問李登輝、李遠哲你們兩人下台前修改的終身俸給，每個月五百K！還在那說三道四指導國事，不用負責？不必懺悔？是不是太爽了?!

當李遠哲受到委屈時，一是因爲這個向下沉淪的台灣，居然會反省了?!

不過，沒有關係！對於提拔你的李登輝來說，你也只不過是他一顆棋子！信不信？你去問他！

別把自己看得那麼了不起！

一次選舉，台灣風雲變色

號稱亞洲第一個所謂「民主政治、和平選舉」的模範國家，是如何在最短時間內弄得四分五裂！

台灣最驚天動地的大事？

是二〇〇〇年的選舉結果：代表民進黨的陳水扁當選中華民國總統，第一次終結國民黨在台灣五十年的統治。

選後集體焦慮症候群

「政黨輪替」的名詞，對我們在桃園，大溪的太武新村來說，直比蔣公逝世時，來得令人震撼！對於村子裡的伯伯、奶奶、媽媽們來說，簡直比天塌下來還要嚴重！

當時的我在做什麼呢？

第一個最耽憂，需要安撫的是我的母親，自從當村長的父親過世後，母親因爲在學校教書，又是訓導主任，也是村子裡的意見領袖，我拍著胸脯向母親保證：「當年，一九五〇年底，妳是如何歷經千辛萬苦，帶我從大陸逃離，來到台灣的？

「媽媽！放心！如果民進黨執政，眞的發生什麼事情！只要有一個人能夠逃離台灣！做兒子的我，也一定會帶著你逃走離開這裡的！」

接著，村子裡的媽媽們一個接著一個來到家裡，問我：「老大！民進黨執政了怎麼辦？」

我分別，一一爲她們解說：

「這就是民主政治，因爲國民黨做不好，李登輝黑金、私心，分裂國民黨，讓民進黨有機可趁，選民用投票的方式，改變執政！」

「這是正常的，多幾次輪替，上軌道後就沒有問題了！」

當時我處理的是選後集體焦慮症候群。

一九九〇年，當時黨外要求國民黨全面退出軍隊時期，我敢說，做的最徹底的是「國家安全局」，我被通知到負責黨務組織的辦公室，把我在國民黨內所有的檔案面交歸還我，包括入黨時所撰寫的自傳。

厚顏掌權卑劣弄權

自那以後，其實我們眞的和國民黨，完完全全沒了關係，但是沒人相信，還好的是也不太有人會問！

我要說的是上一次變天的選舉，對於這個社會很簡單地把我們歸類在「深藍」，我是很不以爲然的！想想：蔣經國從嚴家淦手中接下總統大位時，是如何從經濟著手，厚植民生，以十大建設爲國家培育人才。以政商分離篩清，廉明吏治，才掙得「亞洲四小龍」的領導地位！？

那時候，多麼惡劣的國際處境！

我們全國一致，上下同心，有目標，有希望，社會上充滿努力，愛拚就會贏的正面能量！

那個年代，我們活在志氣之中，以後呢？

以後？從李登輝接掌國民黨以後，就完全變質了。

看當時在軍中，如何用蔣仲苓、葉昌桐鬥郝柏村？

在政壇，騙林洋港，耍俞國華，使李煥，用宋楚瑜，騙肝膽相照，死去宋心濂然後？依序是謝東閔、邱創煥、張豐緒、李元簇、徐水德、連戰、林豐正、黃大洲、劉泰英，當然還有個關鍵角色蘇志誠！

我們看盡李登輝，從厚顏卑膝，坐在三分之一板凳上，如何誠惶誠恐接受蔣經國的任命，到經國先生逝世後。

三代元首無能領導

接權、握權、掌權、弄權，背信、謊言，政壇上權謀興浪，商場上，黑金交錯，風雲變色！如何把號稱亞洲第一個所謂「民主政治、和平選舉」的模範國家，在最短時間內弄得四分五裂！李登輝以包裝著民主的私心，徹底玩垮國民黨，扶植民進黨，把台灣和中國技術切割。

前前後後十二年，他活得好痛快！除了騙過自己的說謊之外，他一直有怕人清算的高度警覺，每一個他所認爲的目標都是他生活、生命中鬥爭的對象和動力。

陳水扁八年執政，我從眷村媽媽們一個接一個的心理輔導中，讓她們瞭解李登輝的所做所爲，過去了的國民黨，現在的民進黨，未來的中華民國和將來所謂的民主政治。

在這八年當中，眷村拆了，媽媽們紛紛老逝，接下來的馬英九，頂著博士、教授、學者，英俊臉龐，健康跑步，竟然可以迷倒眾生！讓我們破滅在：「王樣總統之無用男人」之下。

台灣又成了民主政治中，三代無能之金氏世界紀錄。

因爲，又要選舉了！

從選舉看到什麼樣的變化？

在終於結束的台北市長之爭中，對於中華民國未來命運發展，其實是有深遠影響的。

喧、鬧、吵、雜，超過一八〇天。

第一次「九合一」的選舉，又像讀書時代，考試前的「總複習題庫」般，把所有過去出現過的「撇步」，像傷口撒鹽似地提出，重演一遍。

在昨夜過後，不管誰輸？誰贏？

終於可以還我小市民，一個清清白白可以過的日子了嗎？

希望有所改變的支持者

這次的兩位候選人，在選舉前，與我，各有一次面對面、共同的聚會，昨天過後，才可以成為今天茶餘飯後觀點的。

二〇一四年六月一日晚上，八德路一家餐廳，柯P在他五位幕僚陪同下，約了所謂名嘴們，有過第一次約會。邀約名義：請我們以投票方式，幫忙從他們海選出六位「年輕、準發言人」當中，選出理想人選，也藉此互相認識，交換意見。

那是選舉剛開始，也是我第一次那麼近距離和柯P坐在一個大圓桌上，柯P靦腆、話不多但自然。我有興趣的是他尚未成型的幕僚群。

在以台大人為主的班底中，有一位是醫生，仰慕柯P的追隨者。有一位是厭惡藍綠政治惡鬥，願意放棄工作加入，希望有所改變的支持者。

他們都溫和有禮，看得出來柯P在學習改變中。

我們參與者紛紛以各自經驗，在選擇發言人過程中提出建言，我對於那第一次直接會面，留下很好的印象，如果台北、政治，能夠因為有理想而改變的話，我願意投他一票。

此後，選舉如同昏天黑地般加溫到直接影響生活，令人厭惡的地步！

十一月十二日下午，受邀和連勝文有個小型約會，這也是我第一次和他見面，隨著他告急的選情。

連陣營不知憂民之憂

前一天，我還記下一些對他選舉的觀察建議，但是當我先到達，經過朋友介紹他的幕僚後，想起從汪〇〇，蔡〇〇到楊〇〇？

我又見到國民黨典型的選舉模式，摻和各方勢力的政治角力！沒有希望！無力改變！那天會面的主軸，多數人建議質問：選戰過程中，連勝文在哪裡？不見了？

他年輕、熱忱、有正義感的活力，被口水淹沒。

在權貴、富豪、家世的切割下，他慘遭圍剿霸凌。

他競選團隊、幕僚，所有思考，使出的招式，全在柯陣營計算中，被一一破解。

更重要的是執政的國民黨，從文林苑、洪仲丘、鄭捷殺人、太陽花、餿水油、頂新案。處理過程中所表現的顢頇、無能和事不關己，不痛不癢的處理方式，在整個社會求治望改，無望的氛圍中發酵！

新世代、滑機族、快閃族興起，年輕人苦悶，社會人無奈，點點滴滴反射在連勝文身上。

在連陣營和連勝文身上，我們看不到他們對任何問題的憂慮和提出對策！

他們看到、想到的，只有選舉！

這是我從六月一日到十一月二十九日之間，整整半年，一八〇天，選舉，最直接收到的兩個印象！

有人說，這次台北市長的選舉是最難的一次，我們無從在兩人之間做選擇。

人民渴望平安無虞的生活

最聰明的柯P？

他能用手術刀的方式，改變解決沉痾的官僚體制和積習嗎？民進黨隱身、積鬱的怨懟會結合姚立明得意的囂張變裝出現，成爲生活裡的夢魘嗎？連勝文的周遭，包圍著一群和低層生活、計程車司機、市井小民、市場攤販完全無關的年輕人、政客、自許清高的學者，他們是過去國民黨的脫離世代，應該被結束的一代，選舉結束後，他們會有所改變嗎？

如果不能？國民黨的未來在哪裡？

在終於結束的台北市長之爭中，對於中華民國未來命運發展，其實是有深遠影響的。但是在選舉過程中，政見被抹黑，弊案一再湮滅，生活、資訊使用的網絡，變成狼群式霸凌，不用負責的粗暴，他們以文字暴力遊走法律邊緣，未來如何教育規範？不管誰當市長，都必須有更深入的瞭解後，研擬出方法，讓市民、百姓能夠有個平安無虞的生活！

從上一次選舉到這一次選舉，你期待、看到什麼樣的變化了嗎？

真正的變革與挑戰剛開始

當共產黨還在踩水試深淺時，誰也不用高興，未來上演的戲保證精彩！

二〇一四年十一月二十九日，台灣九合一選舉結束。以馬英九爲主席的國民黨慘敗，卻是台灣眞正改變的開始。

回想我這十五年在音樂、設計、文化這個區塊工作，問到朋友，國民黨、民進黨，支持誰時？他們最直接的回答是，從來沒有人支持過國民黨。一位設計界的朋友告訴我，蕭萬長擔任行政院長時期，一份他們公司投標得到「微笑老蕭」的形象宣傳書稿，經過層層關卡，個個有意見的修、改、退件，花去超過七個月時間，書籍出版二個月，老蕭下台了。

國民黨最被詬病的官僚系統

這就是國民黨執政時期，最被詬病的「官僚系統」。

我們產業音樂界，去年第一次結合台視公司，標到兩年金曲獎的主辦權。

這個由文化部主管的工作，所有開會時間、細節，在一位女性組長主導下，全部要以當時部長的心意，做出一變再變的最後決定，只因爲她們掌握錢！只因爲她們當官！

包括世界音樂產業龍頭，IFPI的主席，應邀來參加金曲獎典禮，和部長的約會，也在前一天晚上，以部長身體不適爲理由突然取消！

這是爲什麼頒獎典禮上她想上台致詞，被噓下來的原因。

而那種最會揣摩上意，囂張跋扈嘴臉的女官員，都會在國民黨執政時期出現！

我舉這兩個親身經驗，只想說明一件事，「文化」只是國民黨掛在嘴邊的擦手紙而已，他們從來不懂得「尊重」兩個字，包括對自己的尊重，尤其是當官以後！

我曾經仔細從傳統和現代兩個角度思考，提供一點淺見供參考。

中國的傳統思想：

尊儒、輕商、賤民（百姓）。

萬般皆下品，唯有讀書高！

現代兩岸，兩個典型：

共產黨毛澤東：海瑞罷官、文化大革命、鬥垮臭老九、槍桿子出政權。

顛覆早就已經開始

國民黨蔣中正統治台灣的做法：

一、以軍、公、教爲本。

二、建立農、漁、水利三大系統控制鄉下、海邊。

三、以情治系統掌控社會脈動。

四、最想控制的是新聞媒體。

這方面從早期的聯合報、中國時報，李登輝時期放養自由時報，陳水扁同意蘋果日報來台發行，仔細想想，都有政治目的。

以馬英九爲主的國民黨之所以慘敗，關鍵因素只是八個字「執政無能，領導無方」，對於國際環境、經濟、國情（東南亞國家），急速轉變，中國崛起，甚至最基本「網絡、資訊、科技」時代已經從根本影響生活、家庭、未來，包括社會、政治時，馬政府也還停留在表面、虛應的傳統思維時，其實顛覆早就已經開始了！

台灣的改變和中國大陸未來將面對的挑戰，勢必強於過去，不是沒有原因的。

我所處的年代，從許信良開始，面對民進黨崛起，只是我們各政府部門心態上的調整，對政權的威脅並不大。

李登輝開始啓用的蔡英文，如同留學美國的馬英九，早在她留學英國時期，就已經被情報單位注意和重視了。

現在？以李登輝執政十二年，陳水扁八年，馬英九六年，三代領導人加起來二十六年，出生解嚴後，面對著和他們無關的兩岸關係，在轉變中興起的這一群年輕新世代，才是將來「兩岸」關係發展的最大挑戰與變數。

這就是新世代！

因爲以前的我們受盡環境、生活折磨，嚮往自由、富裕，而當我們小有所得時，誰願意讓下一代受苦？養成他們從小不愁吃、穿、用、花的習慣心態，包括對父母都是予取予求，也完全不想，不必面對任何工作、生活上的挑戰，他們認爲台灣就是最好的了，爲什麼要去大陸？這就是新世代！

如今他們以熟悉的網路世界，發現居然可以任意穿梭、Kuso、霸凌影響政治，掠奪資源並且形成勢力還有甜頭可得，加上熟悉法律，懂得包裝，政治哪需要高明的騙術？

一個手機，在「指滑、機動」的瞬間，我立刻可以成爲想像世界，有宰制力量的主人！

親愛的朋友們，國民黨垮了，民進黨的麻煩才剛開始，當共產黨還在踩水試深淺時，誰也不用高興，未來上演的戲保證精彩！

因爲，沒有軌跡更無劇本！

演不完的接班人爛戲

接班人這個議題，在國民黨、共產黨、民進黨之間的確存在，而且熱門。

接班人，誰是接班人？

接班人有條件嗎？爲什麼要有條件？爲什麼接班人的問題，那麼引人注意？

想一想，這個問題爲什麼會產生？是因爲沒有制度嗎？是因爲沒有完備的法制觀念嗎？

消息嚴密封鎖

接班人這個議題，在國民黨、共產黨、民進黨之間的確存在，而且熱門。

甚至大企業、財團，接班問題的戲也是精彩，高潮迭起！

所以，當我們談這個問題時候，也不妨想想，爲什麼？

爲什麼會有這個問題存在？

早期，中國大陸在共產黨統治下，被稱爲「鐵幕」，因爲密不透風，所有的消息嚴密封鎖，所以更引起西方世界想盡辦法要一窺究竟的興趣，特別在「誰是接班人」？誰的權力大？誰可能接班？只要沾上邊的人、事，都被拿著放大鏡檢視，也因爲這樣，「情報單位」在那個背景、年代中，成爲更神秘的顯學。

在兩岸世界中，唯一曾經被明白、確定，指定稱作「接班人」的，只有一個：林彪。

毛澤東在公開場合，當著觀眾、媒體的面前，公開宣稱爲接班人之後，這個紅色世界的第二號人物，立刻命令身爲空軍司令員的兒子：林立果，擬定「五七一（武裝起義）工程紀要」，展開出走逃亡的計畫，結果呢？

林彪一家人搭乘飛機，被飛彈擊落在外蒙古，往蘇聯逃亡的途中！

當這個消息被完全嚴密封鎖之後，誰是毛澤東接班人的問題中？加入血腥、死亡變得更加神秘，引起國際間最高度興趣。

從以江青爲首的四人幫，努力半天卻落到名不見經傳華國鋒手中，最後最有實力，被毛澤東最擱在心頭，又捧不上手裡頭，被稱做「矮子」的鄧小平接掌天下，當年鄧小平之所以被毛澤東點名，是因爲：他參加中央政治局委員會議，可以坐一年，不講一句話！半個字！

是命運中註定嗎？

鄧小平上台後大力改革：

摸著石子過河！

管他黑貓白貓，會抓老鼠就是好貓！

先沿海後內陸，讓深圳要先富！

九七大限，香港回歸！

一招招一槌槌，都定風波見雲起湧！這個當年和周恩來一起勤工儉學的流法學生，一口四川音，菸不離手，精打橋牌的小平同志，臨到晚年，更是我們情報界揣測：誰是接班人？最熱門的話題！根據什麼呢？「健康」！

當年，在中央電視台統一對外發佈的視訊中：

鄧小平接見外賓畫面，一只痰盂出現，那口痰盂擺放和鄧小平座位之間的距離？長期以來成爲對鄧小平「健康情況」判斷的依據，爲此當初提出此一論點的情報局工作人員，還得到令人羨慕豐厚的獎賞。

而國民黨誰是接班人的戲碼從經國先生以後，更是高潮迭起，卻彷彿冥冥中的安排和命運中的註定呢？

從蔣中正時代，遲遲不交班，明明在陽明山發生影響健康的車禍，還要封鎖消息。明明培養經國先生，各項職務、不同經歷、種種磨練，直到駕崩，還要請嚴家淦先生過水、接位，再來個謙讓、全民擁戴，然後在低調下，經國先生接任總統。

有些人感嘆時不我予

經國先生在位時期，最大的感慨是「時不我予」，他心裡明白：在處理如麻國事中，自己是在與時間賽跑，而所有任命官員，無不兢兢業業爭取時間，爲民服務，在經國先生面前爭相立功、表現，而經國先生心目中的「誰是接班人」？誰是最佳接班人？如何選擇？怎麼佈局？那才是晚年他心頭之最！

相對於手下兩大系統：

外省人系統：孫運璿、俞國華、蔣彥士、李國鼎、李煥，個個都克盡本分，全力以赴。

本省系統：除謝東閔外，林洋港、張豐緒、邱創煥、高育仁、蘇南成、李登輝，哪個不意氣風發，頭角崢嶸?!

台灣，在經歷那個人才輩出，眾志成城，意氣煥發的年代，我們跟隨著經國先生上山下海，爲人民和時間賽跑！

誰是接班人？

最心酸、深刻的一幕發生在：

孫運璿先生中風開刀出來時，經國先生衝進病房，握著孫運璿的手，無言的眼淚奪眶而出，滴在兩人的手上，更傷在經國先生心上！

阿港伯的旋風變破風

誰？可以沒有經過總統的點頭、同意，去分享他的「權力」？

觀察誰是接班人？在圈子裡是件很有趣的事情，少數被總統召見的人之中，在什麼時間？因爲什麼事被召見，特別是被經國先生召見出來後的表情？在侍衛圈中，誰也不會問，誰也沒有那討論的膽子，但是彼此換個眼神，會心一笑，或蹙個眉頭，那是默契，也是單調、單純勤務中的一點樂趣。

誠惶誠恐的緊張小心

在經國先生召見所有官員，出來後，當時讓我們留下深刻印象的只有兩個人；林洋港和李登輝。

林洋港在省主席任內，每次召見出來後，總是展現他親民、隨和的好記性，他會拍著侍衛官的肩膀，「謝謝祖X相送」、「梅X好久不見」、「XX你辛苦了」……。

那是些讓你感受溫馨的關懷。

也是省主席任內的李登輝，讓我們印象深刻的是，他一副誠惶誠恐的緊張小心，出得總統辦公室，一路以屁股向後退出，對著兩邊侍衛官，向每一個人，行四十五度大鞠躬，這種「倒退嚕」的行禮方法，很難不讓你留下深刻的印象！

經國先生的年代，處於威權轉換期，他深知先總統在位時期，侍衛室、官邸出身的一些習慣，他嚴格要求侍、警衛所有人員不得對外有任何招搖撞騙行爲，厲行節約、儉樸、單純生活，特別是，凡事以「百姓、民眾」的福祉爲最優先考量！最明顯的是，每次總統出勤，行駛道路、沿線紅綠燈交通管制、時間長短問題，如果讓他看見路口行人車輛阻塞，是因爲他要經過的交通管制導致如此的話，即刻糾正，不容再犯。

最受矚目的接班人選

曾經侍衛長、副指揮官被叫來站著罵：「爲什麼？你們憑什麼可以因爲我耽擱百姓的時間？」

罵到臭頭不說，連續一個月的檢討會，讓我們一而再地訓練，特勤道路交通管制警員，集中精神，加上配合管制員警，做九十秒內依序控管變換燈號，到零失誤、零缺點的地步。

當時經國先生身體好，到處出巡走透透的勤務，加上各種限制嚴格要求之下，我們眞是被操到人仰馬翻。由於他的親民作風，所到之處，百姓爭相握手、送禮物，這才是我們最大的惡夢，稍有疏失，一路究責，開不完的檢討會，讓任何一個崗位上的執勤者，不敢有絲毫一點的疏失。

林洋港先生擔任省主席時候，發生的一件事令我們記憶深刻。台中，他陪同經國先生登孔廟步行台階時，一位年輕人，突破警戒區，在經國先生側面方向喊出：「總統！請願！」隨即跪下。

沒人注意到，沒有人發現攔阻，經國先生停下，所有侍、警衛頭皮發麻，在經國先生還沒有開口說話時，洋港主席說了句解圍的話：「總統，您先走，我來處理！」主席問清楚那位省體專畢業，年輕人請願的目的後，告以：總統要處理的國家大事那麼多，你怎麼會讓這種個人事情來煩勞總統呢？

洋港先生的處理方式，讓我們感受到他勇於任事，爲總統分憂解勞的魄力，在當時他的確是呼聲最高、最受矚目的接班人選！

特別是他在省議會質詢期間，面對剛才崛起、年輕驃悍的「黨外五虎」，他有邏輯地引經據典，以特有的口音刀槍舌戰，毫不相讓，形成所謂的「阿港伯旋風」。

兩次退換隨扈

此外，洋港先生宴客豪飲所謂「表面張力」的旋風魅力，面對當時受邀來訪、最年輕後來當上美國總統的柯林頓，對阿港伯紹興酒表面張力的喝法，也留下最深刻的記憶。透過媒體報導，這個在政壇、社會、國際外交場合被引爲風氣的話題，也讓經國先生在私下提醒，點過省主席。

改變命運，通常只有一根稻草？決定誰當接班人？諸多考量因素中，誰犯錯最少？誰最聽話？誰最沒有野心？反而因爲沒有減分變成加分。阿港伯便給的口才、勇敢的承擔、話語的魅力，在當時還是保守的政壇大老間留下疑問的考慮。

在未經證實的傳聞中，據說的關鍵是「隨扈問題」。當時聯合警衛安全指揮部的指揮官，是由國家安全局長王永澍上將兼任，省主席安全隨扈的派遣，由聯指部統籌，據說，洋港先生對隨扈警官的出身、籍貫要求相當堅持，兩次退換人選後，驚動指揮官，將情況報告總統。

以當時的氛圍，經國先生全力培養「催台青」，是在考核、測驗階段，爲人、處事、操守、任事，對於每件事情「分寸」揑拿，進對應退，尤其在意，那份想法應該是說：誰？可以沒有經過我的點頭、同意，去分享我的「權力」？

這才是關鍵！加上阿港伯的弟弟從政，孩子經商，這些身邊的事情都成爲「接班人」被考量的因素。而對照組呢？當然更精彩！卻只能說：那是中華民國被怨嘆的命運嗎？

誰才是李登輝登上大位的恩人？

真正幕後高手，是這兩個得到經國先生重視，用過也是不用的人。

誰才是李登輝登上大位的恩人？

相對於林洋港的海派，李登輝在農復會時被蔣彥士、王作榮相中，聯合推薦，做爲李登輝加入國民黨的兩名連帶保證人。

這才是改變國民黨和中華民國命運的關鍵所在。

李否認曾加入中國共產黨

基本上，李在加入國民黨之前曾經是共產黨員，以及台大期間參與活動紀錄在警備總部，調查局都有完整的紀錄，並且呈報到國家安全局建檔在案。

李在二〇一四年七月，接受英國國家廣播公司（BBC）中文網專訪中，還否認曾經加入中國共產黨。

他說這些話的同時，讓我想起在國安局工作時的一幕場景：

李繼承蔣經國總統大位，經過宋楚瑜在國民黨中常會，振臂一呼把李拱上黨主席位置後，我在局裡走道間，遇見檔案室的老友蘇科長，他正要赴本局設在保一總隊山上的秘密庫房，問他：「去幹什麼？」他說：「奉命去銷毀李登輝的檔案。」

我還勸他留下一份，因爲「對歷史是有用的」，他說：「怎麼可能啊？」

經國先生在選擇繼承人的考量中，李登輝所表現的小心、聽話以及省籍因素外，號稱虔誠基督徒、美國康乃爾大學農業博士、省主席任內獨子病逝…，在和林洋港對照、比較時，都變成李的優勢，其中還加上一項「健康因素」，兩者的體檢表隨著個人檔案紀錄，送到經國先生辦公室。

在下決心之前，經國先生邀請汪道淵先生陪同赴金門視察二天。

圈內人都知道，遇有重要大事，難下決心的時候，總統才會有這樣的動作。

蔣彥士幕後指導著力深

當時大家對於經國先生到李登輝家探視時，李在總統面前坐三分之一板凳、雙手放在膝蓋上，來回摩擦，不安、侷促、惶恐，表露無遺的神態。

後來，爲什麼會是李登輝？以及浙江口音，「你等會的笑話」，都留下深刻的印象。其實以當時台北政壇，天威難測的保守氛圍，單憑省籍優勢想要一飛沖天或更上層樓？均非易事，究竟李有何能耐出線？

眞正幕後高手，是這兩個得到經國先生重視，用過也是不用的人。

王作榮，在經濟學理論上，桀驁不馴，才氣高，底子硬，手段猛，歷次重要經濟策略、方向論戰上，表面勝出，卻始終在蔣碩傑之下，未受到重用而耿懷於心，他擅長經濟，是李的入黨推薦人也是爲他拿方向的恩師之一。

另外一個政壇長青樹，蔣彥士，從農復會、教育部長、國民黨秘書長、外交部長，總統府秘書長，這個一直是經國先生倚重卻又放不下心的人才，因爲：軼事不斷！包括，外交部長調升總統府秘書長前，將他的「洪」粉知己，以下條子方式，由他的玩家兄弟直接帶人，外放歐洲⋯。

這是經國先生晚年氣到永不錄用的人物。

以蔣彥士對國民黨內，派系、大老、恩怨關係瞭若指掌以及對經國先生個性的瞭解，再從旁指點暗助李登輝，否則以那麼重大、兩次加入共產黨背景、紀錄，只要有人提出異議，絕對難以出線！蔣彥士幕後指導著力之深，才會有這樣絲毫不露痕跡地成功達陣。

王作榮最後與李反目成仇

這也無怪李上台後，以回饋之心重用兩人，尤其對蔣彥士，在比利時武器採購、幻象機案上任其取索。而王作榮從監察院長到最後與李反目成仇，惡言相向。

李登輝均未回以重手，這算是李知恩回報，未曾泯滅的一點良知吧?!

從李登輝崛起幕後談到孫運璿住院，確定無法視事之後，經國先生召見中央銀行總裁俞國華，要他出任行政院長，俞總裁以自己能力不夠，向經國先生報告。經國先生嘆口氣說：「放心，你去做吧！有我在！」

這句無奈、無力的話，滄桑般道盡孫運璿先生中風，打亂經國先生對接班人安排佈局後的心情。

以當時年紀的我，曾經如此熟悉，看著這樣一位規規矩矩、誠實、近似家臣的帳房先生，每隔陣子拎著提包，進入寓所的背影，和後來經國先生要他接任行政院長的無奈?!

我們眞不知道該爲中華民國的前途祈求什麼?

這是強人政治最終的命運，已經不單單只是「接班人」的問題了。

朱立倫的挑戰

國民黨並未崩盤，只是失去方向，失掉往哪裡去？怎麼去？為什麼要去？中心論述的思想軸線。

國民黨敗戰，馬英九尚未辭黨主席的時候，有日本朋友問我：

「國民黨完了嗎？
國民黨的未來怎麼辦？
朱立倫的路怎麼走？」

誰曾經認真檢討過？

我當時告訴他：「要看誰有挑戰未來的決心？只有一條路，接任國民黨主席。只有決心改造國民黨的人，才會有機會領導國家、挑戰未來。」

之前，到北京出差，幾位熟識的媒體朋友一起討論：

此番國民黨慘敗，媒體觀察、評估落差的原因？

對於國民黨未來走向，觀察的重點？

我的看法：

只有真正想挑戰未來的人，才會接任黨主席。

二〇一五年如果朱立倫接任黨主席，放棄二〇一六年總統大選。在新北市市政、市長工作與國民黨基礎黨務，兩項艱鉅工作能夠同時進行。而且二〇一八年新北市市長選舉，所推出人選，能夠勝出二〇萬票紀錄的時候。國民黨才會看見希望。

我之所以這麼說，不妨帶大家回顧一下：

經國先生逝世後，從李登輝開始，歷任國民黨主席連戰、吳伯雄、馬英九，有誰真正面對過國父孫中山、先總統蔣公、過世的經國先生？

誰曾經認真檢討、想過？

國民黨所面對黨員、百姓、國家所應該有的承擔、責任、未來？

每年只會在清明節，或經國先生逝世紀念時，一堆政治人物到頭寮、慈湖拍幾張愈來愈不被重視的哀淒照片，強調自己：國民黨的血統？

兩位擔任過中華民國總統的國民黨黨員：李登輝、馬英九，未接大位時，信誓旦旦：黨政分離。

記在李登輝帳上

接任後？都在想：要怎麼分割這連體嬰？又能夠不必擔負責任呢？

尤其是李登輝，接任時候忙於鞏固政權，在蔣彥士、王作榮兩位恩公坐鎮下，宋楚瑜當前鋒，幕後加上宋心濂才穩住局面。

當他發現國民黨擁有如此豐厚的資源、黨產時，派出劉泰英之後，他權力的野心，才開始膨脹！

因爲，他掌握了政治的命脈：「權與錢」！

他從中央釋出所有地方資源：金融體系改革、教改、農、漁會改革，釋放思想用了兩句話：

「大家來做頭家！」

「只要我喜歡！有什麼不可以？」

舉國歡騰！政商交融！黑金連體！都在這位「日吉桑」的算計中發酵！當大家興高采烈搶奪大餅時，他才有機會和那位大掌櫃施展「五鬼搬運術」掏空國民黨財產！

包括：對民進黨的挹注、壯大，否則在近代國際間，民主政治發展史上，沒有一個新興政黨，能夠在沒有武力、軍隊、流血、政變介入下，在這麼短時間內，能夠靠選舉以政黨輪替取得政權的。

以上功勞，全部可以算在「腐敗國民黨」的功臣：曾經前主席，被逐出國民黨，李登輝帳上。

一無所有才能大破大立

李之後接任黨主席的連戰：開始兩岸破冰，終止國共兩黨半世紀以來的爭鬥。到吳伯雄持續致力將商、政與中國大陸關係擴充。

再輪到：想吃卻無膽，想要卻不願負責任，眞正機關算盡，卻全盤皆墨，一敗塗地的「金馬號」，終於將國民黨駛進終點？

「敗站」！

當然，在這種時候能夠跳出來，敢於挑大旗的才是眞英雄！有句江湖話叫做「光棍不打九十九，剩下百分之一留做種！」

只有散盡國民黨，一無所有時，才能夠大破大立！

從思想論述的基礎開始，說明國民黨存在和台灣未來、民主政治、生存發展的關係。

以組織改造的做法，重視基層里長，伸展大學校園，徵才、舉才、求才！

國民黨並未崩盤，只是失去方向，失掉往哪裡去？怎麼去？爲什麼要去？中心論述的思想軸線，當理論基礎成型有所依據時，爲何而戰？爲誰而戰的迷惑就不存在了！

這才是近三十年來，國民黨「死劫」的原因。

爲二〇一五年以此祝福朱立倫市長。

歷史與現場 228

青天白日下的秘密——國安情報上校李天鐸非常揭密

作　　者—李天鐸
編　　輯—王克慶
封面設計—程湘如
內頁設計—李宜芝

董 事 長—趙政岷
出 版 者—時報文化出版企業股份有限公司
10803 台北市和平西路三段二四〇號七樓
發行專線—（〇二）二三〇六六八四二
讀者服務專線—〇八〇〇二三一七〇五
（〇二）二三〇四七一〇三
讀者服務傳真—（〇二）二三〇四六八五八
郵撥—一九三四四七二四時報文化出版公司
信箱—台北郵政七九～九九信箱

時報悅讀網—http://www.readingtimes.com.tw
法律顧問—理律法律事務所　陳長文律師、李念祖律師
印　　刷—盈昌印刷有限公司
初版一刷—二〇一五年九月十八日
初版五刷—二〇一九年十月七日
定　　價—新台幣三二〇元

時報文化出版公司成立於一九七五年，
並於一九九九年股票上櫃公開發行，於二〇〇八年脫離中時集團非屬旺中，
以「尊重智慧與創意的文化事業」為信念。

青天白日下的秘密：國安情報上校李天鐸非常揭密 /
李天鐸作 . -- 初版 . -- 臺北市 : 時報文化 , 2015.09
面；　公分 . -- (歷史與現場 ; 228)

ISBN 978-957-13-6390-5(平裝)

1. 軍事史　2. 中華民國

590.933　　104017122

ISBN 978-957-13-6390-5
Printed in Taiwan